／河北省第三〈

SHUJUKU GOUJIAN HE TURANG ZHITU YUANLI YU FANGFA

数据库构建和土壤制图原理与方法

彭正萍　李旭光　田晓帆　陈　影　刘胜蓝　杨晓楠　主编

中国农业出版社

北　京

数据库构建和土壤制图原理与方法

内容简介

　　本书是一本服务于河北省第三次土壤普查数据库建设和土壤制图的指导用书，涵盖了基本理论、技术规范和实践实例。全书内容共分为六章，包括绪论、河北省土壤分类系统、河北省土壤数据库规范、河北省土壤数据库的构建和示例、河北省土壤类型制图规范和示例、河北省土壤属性图与专题图制作。

　　本书主要适用于河北省包括各县、市、区的第三次土壤普查数据库构建和土壤制图等，也为数据分析和成果汇总提供重要技术支撑，同时可为从事土壤学、土壤调查分类、土壤信息化、土壤制图、土地资源管理等方面的研究、教学和管理等相关人员提供参考。

第一主编简介

彭正萍，中国农业大学农学博士，河北农业大学二级教授，博导，河北省省管优秀专家，河北省"三三三人才工程"第一层次人才，第三次全国土壤普查专家技术指导组专家，河北省耕地质量调查与评价专家组长，河北省耕地质量评价暨补充耕地质量评定专家，中国农业工程学会山区分会第七届理事会常务理事，《华北农学报》编委。主要从事耕地质量调查、监测、评

价与提升，作物营养与高效施肥，植物营养与生态环境等方面的理论研究、产品创制、技术开发及应用。主持国家重点研发计划课题"黄淮海北部小麦—玉米农田耕层调理与土壤肥力提高关键技术"；主持河北低平原区中低产麦田耕层构建与质量提升关键技术研究、不同质地土壤小麦—玉米周年水肥高效安全关键技术研究、坝上地区农牧资源合理利用及土壤改良技术研究、省级耕地质量等级评价及数据审核开发项目等省部级以上科研课题30余项；授权专利22件，获省部级科技奖励一等奖1项、二等奖8项、三等奖4项。在 *Plant and Soil*、*Agricultural and Forest Meteorology*、《农业工程学报》《植物营养与肥料学报》等学术期刊发表论文130余篇。主编《河北省马铃薯产区耕地质量演变与提升》《邢台市耕地质量评价与提质增效施肥技术》《衡水市耕地质量评价与提质增效施肥技术》等著作25部；登记《土壤样点实地精准跟踪定位导航系统》《耕地质量外业调查辅助系统》《主要大田作物施肥情况调查分析系统V1.0》等软件著作权8项。

河北省第三次土壤普查系列丛书

丛书编委会

编 委 主 任：蔡淑红

编委副主任：吕英华　杨瑞让　王清广　李旭光

　　　　　　岳增良　张蓬涛

编 委 委 员（按姓氏笔画排序）：

　　　　　　方　竹　冯洪恩　刘克桐　刘晓丽

　　　　　　刘萌萌　孙育强　李　亚　张　培

　　　　　　张里占　赵　旭　段霄燕　董　静

本书编委会

主　　编：彭正萍　李旭光　田晓帆　陈　影　刘胜蓝
　　　　　杨晓楠
副 主 编：张瑞芳　刘萌萌　赵莉花　王　洋　张立欣
　　　　　吴　彬　韩一帆　孟金薇　杜　哲　张　弛
编委委员（按姓氏笔画排序）：
　　　　　门　杰　门明新　王　贺　王　健　王　敏
　　　　　王　焱　王　璇　王亚军　王宝利　王彦博
　　　　　王艳敏　王彬颖　王清广　王琰琨　王耀全
　　　　　毛卫东　方　竹　付　鑫　吉艳芝　成铁刚
　　　　　朱玉舟　任　霞　刘　鹏　刘　磊　刘天龙
　　　　　刘克桐　刘振国　刘晓丽　刘恩魁　刘淑桥
　　　　　刘淑娟　刘琳洁　孙坤雁　孙育强　苏　婧
　　　　　杜华婷　杜丽娟　李　亚　李　锋　李龙江
　　　　　李则政　杨　扬　连启超　肖　辉　何　玲
　　　　　宋会明　张　旭　张　利　张　明　张　星
　　　　　张　培　张文敏　张旭彤　张作新　张建发
　　　　　张树明　张李同一　陈宋玉　武　晗　孟燕辉
　　　　　封　乾　赵　丽　赵　静　赵仁俊　赵海涛
　　　　　胡小鹏　郝悦平　贺立民　聂会芳　聂晨辉
　　　　　贾洪男　徐立莎　唐　锐　曹龙飞　康　佳
　　　　　彭　琮　董　静　韩秀玲　廖文华　薛　澄
　　　　　戴海峰

前 言

　　我国人多地少，耕地资源十分珍贵。国家高度重视土壤资源的开发、利用与保护，已开展多次全国和区域尺度的土壤调查。土壤普查是查明土壤类型及分布规律，查清土壤资源数量和质量等的重要方法，普查结果可为土壤的科学分类、规划利用、改良培肥、保护管理等提供科学支撑，也可为经济、社会、生态政策的制定提供决策依据。1958年和1979年，我国分别开展了第一次、第二次全国土壤普查。第二次全国土壤普查是迄今为止我国土壤调查历史上规模最大、成果最丰富的一次土壤调查，但已过去40年，其数据已经不能全面反映目前的土壤状况。为贯彻落实中央决策部署，全面摸清我国土壤质量家底，服务国家粮食安全、生态安全，促进农业农村现代化和生态文明建设，2022年我国开始了第三次全国土壤普查。

　　第三次全国土壤普查内容以校核与完善土壤分类系统和绘制土壤图为基础，以土壤理化和生物学性状普查为重点，更新和完善全国土壤基础数据，构建土壤数据库和样品库，开展数据整理审核、分析和成果汇总。土壤数据库作为科学研究和生产应用的重要基础，可实现对土壤信息的高效管理、共享与利用。土壤制图是通过数字土壤制图方法，采用统一的专题图评价指标，掌握土壤性状底数，评价土壤质量和适宜性，编制统一规范的普查成果图。通过第三次土壤普查表层和剖面样本调查及数字土壤制图，完成多系列土壤属性图和系列专题评价图，为掌握土壤资源现状、实现对土壤精准和持续利用提供有力支撑。

本书共设六章：第一章为绪论；第二章主要介绍了河北省土壤的分类现状及方法，为河北省土壤数据库及土壤类型图编制工作奠定了基础；第三章介绍了河北省土壤普查数据组织管理、数据结构、数据交换内容与格式等；第四章介绍了河北省土壤空间数据库构建中的设计、数据获取、数据质量检查、数据库建立示例、安全管理与维护等技术环节；第五章为河北省土壤类型制图规范和示例，明确了河北省土壤类型制图的目的原则、数据准备，县、市、省各级制图技术；第六章介绍了河北省土壤属性图和专题图制作的目的、原则、主要方法、思路及各种编制质量要求。

本书由河北农业大学和河北省耕保系统相关人员共同编写，参照了第三次全国土壤普查数据库规范、土壤属性制图与专题图制图规范，在部分内容中也融合了河北省第三次土壤普查试点县的成果以及编者多年的教学、实践和研究成果。

本书涉及土壤学、土壤调查分类、土壤信息化、土壤制图、土地资源管理、计算机信息技术、自然地理学、农业资源与环境等多个学科，可供大专院校及科研院所从事河北省第三次土壤普查数据库构建、土壤类型图制作、属性制图等研究、教学和管理工作的相关人员阅读和参考。

由于时间仓促及编者水平所限，书中难免存在疏漏与不足之处，敬请读者批评指正。

编 者
2024 年 7 月

目 录
CONTENTS

第一章

绪　论

　　土壤作为地球表层系统的重要组成部分，是维系生态系统功能、支撑农业生产和保障人类福祉的关键自然资源。其空间异质性、动态演变过程及与环境的相互作用，决定了土壤资源在区域乃至全球尺度上的复杂性和多样性。土壤普查作为系统性、综合性的土壤资源调查方法，通过综合运用地理信息系统（GIS）、全球导航卫星系统（GNSS）、遥感（RS）等先进技术，以及传统的野外调查、实验室分析方法，能够全面、精准地掌握土壤类型、分布、理化性质、养分含量、污染状况等信息，对于制定科学合理的土壤管理策略、实现土壤资源的高效利用和有效保护、推动农业的绿色发展和生态环境的改善具有至关重要的意义。实施第三次全国土壤普查（以下简称三普），旨在通过多学科技术手段，全面揭示土壤类型、分布规律及其质量状况，为土壤资源的可持续管理提供科学依据。

一、工作背景与目标

　　第三次全国土壤普查是一项重要的国情国力调查，对推动国家可持续发展具有重要意义。第三次全国土壤普查内容以校核与完善土壤分类系统和绘制土壤图为基础，以土壤理化和生物学性状普查为重点，更新和完善全国土壤基础数据，构建土壤数据库和样品库，开展数据整理审核、分析和成果汇总。查清不同生态条件、不同利用类型土壤质量及其障碍退化状况，查清特色农产品产地土壤特征、后备耕地资源土壤质量、典型区域土壤环境和生物多样性等，全面查清农用地土壤质量家底，系统完善我国土壤类型。其中土壤数据库作为科学研究和生产应用的重要基础，早已经成为土壤及相关学科十分重要的工作。第三次全国土壤普查数据库的构建目标是实现对土壤信息的高效管理、共享与利用。土壤制图的目标是掌握土壤性状底数，评价土壤质量和适宜性，编制统一规范的普查成果图。多系列土壤属性图和系列专题评价图的制作目标是掌握土壤资源现状，实现对土壤的精准和持续利用。

二、工作要求

（一）土壤数据库构建要求

1. 土壤数据库构建原则

（1）全程覆盖。覆盖样点布设、调查采样、样品流转、测试化验、质量控制、成果汇总等各环节核心业务数据。

（2）统一规范。统一专业术语，提高数据填写效率和后期汇总效率。

（3）灵活扩展。依据河北省实际情况，设计灵活机制，在满足基本表要求的基础上可扩展。

（4）借鉴吸收。充分借鉴第三次全国土壤普查数据库成果及现有国家标准等已有规范体系，并结合行业专家的实践经验，构建科学、严谨、可操作的技术框架。

2. 土壤数据库组织方式

（1）建立专门队伍。积极组建专业队伍，编写各级数据库建设方案，解决数据库建设过程中遇到的重大技术问题，开展县级三普数据库建设质量的监督检查。

（2）加强技术培训。按照国家下发的技术规范，及时开展建库人员的技术培训和考核，建立数据库建设质量公示制度，提升各级把控成果质量的能力。

（3）加强数据库建设工作的组织管理。严格遵循三普相关技术标准规范，结合实际情况，构建数据库管理系统软件。制定使用政策和技术要求。

(4) 做好建库队伍的遴选工作。 做好建库作业队伍的遴选工作，定期开展情况摸排和质量考核，确保建库质量。

(二) 土壤制图要求

1. 土壤制图原则

(1) 需求导向原则。 围绕反映土壤质量的关键属性以及种植布局、土壤利用布局的专题需求，基于科学性和实用性原则，系统完成多系列属性图和专题图，为生产服务。

(2) 传统方法与新技术相结合原则。 充分利用传统调查方法的结果，与现代数字土壤模型制图方法相结合，突破传统调查制图的局限，扩展制图内容，满足生产需求。

(3) 以高精度为基础，省级、地市级、县级制图相结合。 以大样本、高精度（1∶5万县级精度）制图为基础，实现省级、地市级、县级制图和地图编制。

2. 土壤制图组织方式

(1) 结合试点县，全省每个地形区有1～3种推荐和备选制图模型。

(2) 根据试点制图，界定不同属性敏感范围、制图综合的处理流程。

(3) 对样点少的属性，全省每个地形区有1～3种推荐制图模型。

(4) 完成本省县级、地市级和省级制图综合，以及部分指标地市级和省级制图，并进行各级地图编制。

三、河北省土壤数据库和制图的特点

与原始的土壤普查成果以及国内外其他同类土壤数据库相比，河北省土壤数据库和制图具有以下特点。

(一) 河北省土壤数据库标准的拟定

为规范河北省土壤数据库的构建流程，使河北省土壤数据库的内容、数据库结构及数据交换格式等标准化，促进第三次土壤普查成果的有效管理、共享和应用，参照已有的国家土壤数据库建设有关标准，结合河北省土壤数据库构建工作的实际情况，拟定河北省土壤数据库标准。其中土壤数据库包括：表层调查数据库、剖面调查数据库、生物调查数据库、土壤退化与障碍数据库、土壤利用状况数据库、特色农产品布局状况数据库、专题成果数据库、全省土壤分类数据库、关联资料数据库、普查过程数据库以及数据管理平台。此外，该标准规定了河北省土壤数据库的内容、要素分类代码、数据分层、数据文件命名规则、图形数据与属性数据的结构、数据交换格式和元数据规范等，为河北省土壤数据库构建工作的有效开展和顺利执行提供了科学的规范依据。

（二）土壤类型图制图标准的拟定

为规范河北省土壤类型图的制图流程，以第二次土壤普查（以下简称二普）土壤图为基础，结合本次普查新的土壤调查资料和数字高程模型（DEM）、遥感影像等成土环境因素图层数据，开展制图与更新，继承和发展二普成果，形成本次普查的各级土壤类型图。依据国家土壤类型图制图规范，结合河北省土壤类型图制图工作的实际情况，拟定河北省土壤类型图制图标准。制图标准主要包括土壤类型制图的目的和原则、技术方法、分类、比例尺及坐标系统规范等，核心是拟定土壤类型、图斑边界和图斑纯度三个内容更新的技术标准。

（三）河北省土壤属性图与专题图制图标准的拟定

依据全国土壤普查中的土壤属性图和专题图制图规范，结合河北省土壤属性图与专题图制图工作的实际情况，拟定河北省土壤属性图与专题图制图标准。其中，土壤属性图主要为通过三普表层土壤物理、化学指标数据，采用确定性插值、数理统计、模糊推理等方法形成的县、市、省不同土壤关键属性图，包括耕层厚度、有效土壤厚度、土壤容重、机械组成、土壤水稳性大团聚体、田间持水量、凋萎系数、矿物组成及阳离子交换量（CEC）等。土壤专题图主要包括农业区划图、土壤养分图、耕地质量等级图、盐碱土壤分布图、障碍土壤分布图、土壤农业利用适宜性分布图、特色农产品生产区域分布图。

（四）县域个性化数据库的构建

在全面取得河北省各县三普各类数据（基础数据、过程数据、成果数据）的基础上，从数据组织管理、数据结构定义等方面构建数据库。在数据库构建过程中，各县除将《第三次全国土壤普查数据库规范》（修订版）中规定的数据表设计到本县数据库中外，依据本县工作开展的需要设计本县个性化数据表，依据本县的实际情况建立数据库，形成数据库成果。

（五）统一的专题评价成果图件制图标准

1. 统一的地图投影及坐标系 平面坐标系统（地理坐标系）：2000 国家大地坐标系（CGCS2000）。高程系统：1985 国家高程基准。投影方式：国家级图件采用 Albers 双标准纬线正轴等角割圆锥投影，县级、地市级、省级图件采用高斯-克吕格投影，若比例尺大于 1∶10 000，按 3°分带。

2. 统一的图幅大小及比例尺 挂图幅面均为标准全开，图件根据制图区域范围的实际情况调整图件比例尺，确保表达内容充满幅面。地图册采用 8 开幅面或 16 开幅面。

3. 统一的图幅配置 内容包括图名、图例、比例尺、晕线、外围要素、图廓整饰、署名和制图日期等要素。图幅配置大小及间隔可根据区域面积和图件幅面调整。

第二章

河北省土壤分类系统

　　本章将从俄罗斯土壤发生分类、美国土壤系统分类、世界土壤参比、中国土壤分类等方面，对河北省土壤分类系统的发展进行简要的描述。本章以《中国土系志》《河北土壤》《河北土种志》等资料为基础，介绍了河北省土壤的分类现状及方法，并对河北省土壤命名进行了统一化，为河北省第三次土壤普查的土壤数据库及地图编制工作奠定了基础。河北省土壤分类系统是在中国土壤分类系统基础上，根据河北省内土壤实际情况，依据统一的原则和依据，研究和制定的土壤分类系统。随着我国土壤分类研究的不断深入，土壤分类系统也在不断更新完善。土壤分类是研究土壤种类分布、土壤利用改良、确定资源的数量和质量、因地制宜优化农业生产布局、助力乡村振兴等的前提和基础。同时，加深对土壤分类的认识，对于保障国家粮食安全、维护生态安全、推动农业农村现代化、促进生态文明建设具有重要的理论指导意义。

一、国际土壤分类现状

　　随着土壤科学的不断发展，许多国家如英国、德国、加拿大、澳大利亚、日本和巴西等都建立了自己的分类系统，有的国家甚至建立了多个分类系统。但是目前国际上仍然缺乏一个统一的定量化、标准化的土壤分类系统。

(一) 俄罗斯土壤发生分类体系

俄国道库恰耶夫 (1846—1903) 主要讨论了土壤的发生与分类, 论述土壤性状、分类与成土因素之间的关系, 提出了"土壤发生学说"。20 世纪初期,"土壤发生学说"得到不断的继承和发展, 并在世界范围内产生了巨大的影响。这一理论逐渐形成了三种体系, 即土壤地理发生学分类体系、成土过程发生学分类体系和土壤历史发生学分类体系。三种体系的不同在于土类以上的各级分类中如何组合或各个土类的归属。但将土类作为最基本的分类单元以及关于土类的概念, 各体系的标准是基本一致的。

相比其他两个分类体系, 土壤地理发生学分类体系在国际上影响最大, 该体系的发展历史体现了苏联发生学土壤分类的依据由"土壤-环境"两项式向"土壤-发生-环境"三项式的转变。其代表人物是伊万诺娃和罗佐夫。1976 年, 伊万诺娃在其所出版的《苏联土壤分类》一书中所拟的分类系统代表了苏联地理发生学分类体系的思想。该分类系统还客观地揭示了土壤分布规律, 逻辑性强, 在世界上广泛传播。随着土壤分类体系的不断发展和完善, 土壤分类工作的要求也在逐步提高, 原有的分类体系已不能满足当时的分类研究工作需求。

2000 年, 俄罗斯参考美国土壤系统分类体系的诊断层特性以及中国土壤系统分类体系中关于人为土的分类标准, 发表了《俄罗斯土壤分类》, 改变了一直保持不变的分类体系, 增加了人为作用下形成的土壤, 以更加贴近现实。《俄罗斯土壤分类》规定, 土纲、土门、土类、亚类、土族、土种、变种和土相中土纲、土门和土类为高级的分类单元, 土壤剖面仍采用定性的属性; 亚类、土族、土种、变种和土相属于低级分类单元, 其土壤剖面采用了定量化的诊断属性。俄罗斯的土壤分类体系虽然参考了美国土壤系统分类体系的诊断层特性以及中国土壤系统分类体系中关于人为土的分类标准, 但总体上看, 仍十分注重历史发生学的观点, 尤其在高级分类单元上。此外, 在土壤分类命名方面, 俄罗斯土壤分类体系仍保持其原有的名称。上述原因限制了俄罗斯土壤分类的发展及其在国际上的影响力。

（二）美国土壤系统分类体系

1975 年，美国土壤保持局土壤调查处正式出版了《土壤系统分类》（*Soil Taxonomy*）一书。该分类体系因其在土壤定量化方面做出了很大的进步，所以对整个世界的土壤分类系统产生了重要影响，并被越来越多的国家所接受。本节以 2010 年出版的《美国土壤系统分类检索》（第 11 版）为蓝本，介绍美国土壤系统分类体系的分类思想、特点、分类等级划分、诊断层与诊断特性、土壤命名和土壤类型检索等。

1. **分类思想** 美国土壤学者认为，尽管发生学理论可以揭示土壤间的相互关系，但由于成土因子的影响十分复杂，该理论难以精确地解释成土过程。用发生学的方法进行分类，必然会产生不确定因素，而用可见和可测量的土壤特性来划分土壤，就能形成一个通用的判别准则。因此，在建立新的土壤分类体系时，他们会依据土壤本身的属性，将发生学的原理应用于土壤分类特征的选取上，从而使类似的土壤被归为一类。另外，这个分类体系的另一个准则是，满足土地调查服务的技术要求，能准确地解释土壤研究的结果，同时还包括对土壤间相互关系的解释，因而该分类体系将其分类标准定量化，以使不同分类者之间有共同的比较基础。

2. **特点** 美国土壤系统分类（ST）的设计和土壤命名（除部分土系沿用旧名称外）基本是全新的，其特点主要反映在以下 5 个方面：

（1）该分类系统放弃了按地带性分类的概念，如旧分类制中的显域土、隐域土和泛域土作为土纲已被抛弃。

（2）可以根据测定的土壤性质来鉴定土壤并进行必要和合理的区分或归类，即逐步实现了定量鉴定土壤和编排土壤分类系统。

（3）对受一般耕作或耕种措施的影响而未产生明显差别的土壤，不改变其所对应的分类位置或划分的类型。

（4）土壤命名采用新创的名称，而非民间的名称。

（5）该分类系统意欲囊括全世界的土壤类型，使之形成统一分类和命名的分类系统。

3. **分类等级划分**　美国土壤系统分类分为 6 个等级，从高级到低级依次为土纲、亚纲、土类、亚类、土族和土系。其在最高分类等级中有 12 个土纲；在最低分类等级中已有 2 万多个土系。

4. **诊断层与诊断特性**　诊断层是在性质上有一系列定量说明的土层，用于识别土壤分类单元。此定义说明了土层与诊断层之间的关系，土层是传统的定性表述的发生学土层，而诊断层是含有定量化标准的土层。在 2010 年出版的《美国土壤系统分类检索》中，定义了 8 个诊断表层和 20 个诊断表下层。

5. **土壤命名**　由于在旧的分类体系中，同一名词可能有不同的概念和解释，同一土壤也可能有不同的名称，因此在美国土壤系统分类体系中，以新的专有名词来命名亚类以上各级分类单元。各分类单元的命名都是几个音节的组合，高级分类单元（土纲、亚纲和土类）的命名采用连续命名法，用拉丁文、希腊文和英文的词根拼凑成一种名称；亚类和土族的命名方式是分别在土类和亚类名称前加上具体的形容词；土系的命名通常是以该土系被发现的地名命名的。

6. **土壤类型检索**　由于美国土壤系统分类体系以诊断层和诊断特性作为依据，并具有定量化指标，因而它可以根据土壤特性确定一种未知土壤在其分类系统中的位置。

（三）世界土壤资源参比基础

国际土壤分类参比基础（IRB）创立于 1980 年。它在第 12 届国际土壤学会被批准，并由第 V 组分管，以更新全球土壤分类的信息和资料为主要工作。1988 年，国际土壤分类参比基础建议将全球土壤分为 20 个大组（FAO/Unesco，1989）。但随着土壤分类科学的发展，国际土壤分类参比基础所规定的第三级图例单元与图例之间出现了不一致。在这样的背景下，世界土壤资源参比基础

（WRB）应运而生，它的出现有助于全球土壤分类系统进行分类更新与资源共享。1994 年，WRB 在墨西哥召开的第 15 届国际土壤学会上发表了《世界土壤资源参比基础》的草案，并于 1998 年在法国蒙彼利埃召开的第 16 届国际土壤学会上出版了《世界土壤资源参比基础》的正式版本。世界土壤分类的主要趋势是以诊断层和诊断特性为基础，走定量化、标准化和统一化的途径。

1. **诊断层、诊断特性与诊断物质**　WRB 的系统分类单元是根据诊断层进行定义的。而诊断层作为分类最基本的鉴别指标，是由特定的土壤性质或土壤物质所构成。诊断层和诊断特性是指能够反映土壤形成过程的普遍结果或指示土壤形成特定条件的属性组合。它们的特点是能够在野外或实验室内进行观测或测量，并且需要量化作为诊断指标的最小值或最大值。此外，诊断层需要有一定的厚度，从而作为土壤中一个可识别的层次。诊断物质是指显著影响土壤发生过程的物质。诊断层有 39 个，诊断特性有 14 个，诊断物质有 12 个。

2. **土壤分级**　在《世界土壤资源参比基础》2007 年修订版中，土壤分类分为一级单元（参比土类）和二级单元。其中，共有 32 个参比土类，在一级单元之下按照不同的分异特征建立 200 多个二级单元。可根据诊断层、诊断特性和诊断物质检索出 32 个一级单元。

3. **参比土壤类型**　在《世界土壤资源参比基础》2007 年修订版中，将该 32 个参比土类编为 10 个组。首先把有机土和矿质土分开，再将所有有机土归为第 1 组，其余的主要土类根据最明显的成土因素限制条件逐一归类。

（四）中国土壤分类体系的发展

我国近代土壤的分类研究工作起步于 20 世纪 30 年代。初始时，采用了当时的美国土壤分类——马伯特分类，对我国的土壤情况进行了全面的调查研究，出版了《中国土壤地理》以反映我国的土壤状况，并建立起了 2 000 多个土系。甚至在 1949 年以后，土壤分类仍然沿用了原来建立的土壤分类系统。

自 1954 年起，我们借鉴苏联土壤地理发生学的观点，运用以地理发生学为基础、以成土条件为依据、以土类为基本单元的土类、亚类、土属、土种、变种五级分类制。1978 年，在中国土壤学会理事会暨全国土壤分类学术会议上，提出了《中国土壤分类暂行草案》。此草案在继承我国土壤分类科学的基础上，进一步把土壤发生分类和我国实际结合起来，充分利用了国内的研究成果，尊重各地土壤工作的历史事实，反映了我国土壤分类的阶段性成果。随着国际交流加深，土壤的系统分类思想和联合国土壤制图单元传入我国，我国的土壤发生分类体系吸纳了其中有益的观点和思想。1979 年，全国开展了第二次土壤普查工作，采用土类、亚类、土属、土种、变种五级分类制。1998 年，全国土壤普查办公室依据第二次全国土壤普查成果拟定了"中国土壤分类系统"。

在土壤分类学科发展的同时，发生分类这一思想也逐步显现出其缺陷。发生分类常缺乏定量化的指标，难以建立完备的信息系统，更不能适用于分类的检索功能。因此，我国土壤学者在参考美国土壤分类的思想、原则、方法和一些观念的基础上，并结合苏联和西欧的一些有关土壤分类的经验和理念，结合中国国情，进行了中国土壤分类的新研究，完成了一系列如《中国土壤体系分类初稿》《中国土壤系统分类（首次方案）》等优秀成果。

1998 年，我国政府发布了第一个关于全国土壤分类的国家标准《中国土壤分类与代码 土纲、亚纲、土类和亚类分类与代码》(GB/T 17296—1998)。该标准以第二次全国土壤普查成果为编制基础，充实了土属和土种等基层分类。1999 年，我国完成了《中国土壤系统分类：理论·方法·实践》，并编制了相应的 1∶1 200万土壤图和附有土壤剖面的土纲、亚纲分布图。2001 年出版了《中国土壤系统分类检索》（第 3 版），该分类为多级分类，共六级，即土纲、亚纲、土类、亚类、土族和土系。其中前四级为高级分类级别，主要供中、小比例尺土壤图确定制图单元用；后两级为基层分类级别，主要供大比例尺土壤图确定制图单元用。其共划分 14 个土纲 39 个亚纲 138 个土类 588 个亚类，拟定了 11 个诊断表层、20 个诊断表下层、2 个其他诊断层及 25 个诊断特性和 20 个诊断现象。此外，该分类首次提出人为土的诊断层和诊断特性标准，并建立了相应的人为土分类体系。

2007 年 9 月，中国科学院南京土壤研究所主编的《土壤发生与系统分类》一书由科学出版社出版，是继《中国土壤系统分类：理论·方法·实践》之后中国土壤科学领域的又一部具有开创性的学术巨著。该书系统地论述了中国土壤系统分类 14 个土纲的基本特性、鉴别方法及各土纲在国内的分布状况，建立了具有中国特色的土壤分类系统，从而为中国土壤分类与国际接轨做出了很大贡献。

二、河北省土壤分类系统

与全国土壤分类的发展历程较为一致，河北省近代土壤分类的研究亦开始于 20 世纪 30 年代，大体经历了美国马伯特分类、发生分类和系统分类 3 个发展阶段。下面将阐述河北省土壤发生分类、河北省土壤系统分类以及河北省土壤分类参比研究。

（一）河北省土壤发生分类

1. **发展历史**   20 世纪初期，出国留学的科学家引进欧美的土壤调查技术。20 年代末期，谢家荣、常隆庆首先在河北省三河、平谷、蓟县应用地形图、罗盘、土钻等新技术手段开展土壤调查。20 世纪 30 年代，土壤学家侯光炯、李庆逵等在河北省进行土壤调查，并得到美国土壤学家梭颇的指导，首次在河北省提出了栗钙土、盐土、碱土、石灰性冲积土、山东棕壤等土类，并且分析了河北省部分土样的理化性状。这些调查成果集中反映于梭颇编著、李庆逵和李连捷翻译的 1936 年出版的土壤特刊第一号《中国之土壤》一书中。此书中土壤分类命名采用了当时的美制土类、土系、土相三级制。

20世纪50年代，我国开始运用苏联经验进行土壤调查。1955年，由农业行政部门主持，在苏联土壤专家柯夫达、克勒琴尼柯夫指导下，对河北省唐山市滦南县柏各庄68万亩①土壤进行调查。土壤分类命名按苏联四级体系，划分8个亚类13个土种（变种）。其中土壤调查规模和成果最为突出的是华北平原土壤调查，华北平原土壤调查为河北省土壤普查工作提供了典范，解决了一系列有关华北平原土壤形成演变、分类命名、改良利用等方面的重大理论问题，首次提供了河北省平原土壤的全面系统资料数据。在此期间，文振旺在当时的热河省进行土壤调查，1957年在《土壤专报》上发表《热河省土壤地理概要》，在现属河北省的承德地区范围内，划分出棕壤、褐土、栗钙土、黑沙土和灰沙土等土类，对河北省山区、高原土壤分类具有指导作用。

1958年，在全国和河北省土壤普查办公室的领导下，河北省开展了第一次群众性土壤普查。专业技术人员和有经验的老农以及基层干部协力调查当时的耕地土壤，进行土壤制图和简易化验，总结群众识土、辨土、改土经验，对土壤进行命名。历时一年，首次印出1∶50万河北省彩色土壤图和土壤肥力图，以及出版了《河北农业土壤》和《河北省土壤分类概况》。河北省土壤图反映了全省4个土区、13个土片、74个土组土壤情况。

为适应社会主义现代化建设需要，河北省于1979—1988年开展了第二次土壤普查。采集了大量的土壤纸盒标本、土壤整段标本、岩石和植物标本，拍摄了彩色土壤剖面与景观照片。河北省土壤普查办公室以全国土壤分类原则和标准为依据，按照土纲、亚纲、土类、亚类、土属、土种六级分类制，制定了河北省土壤分类系统。以此次土壤普查结果为基础，出版了《河北土壤》《河北土种志》等土壤分类相关的著作。

2. **土壤分类原则**

(1) 以土壤发生学理论为基础。 土壤是独立的历史自然体，是

---

① 亩为非法定计量单位，1亩=1/15 hm²，下同。——编者注

自然成土条件和人为活动的综合产物。土壤分类应充分反映土壤发展规律，体现其在地带性和非地带性条件作用下的不同发育阶段和形成演变的相互关联，揭示其内在变化和发展方向。

（2）以土壤属性为主要依据。 土壤分类要综合分析成土条件、成土特征和土壤属性。土壤属性是土壤本身比较稳定的形态特征，是不同成土条件下不同成土特征的具体表现。它集中反映土壤不同的特征层次和特征形状，是土壤分类的主要依据。

（3）以土类、土种为基本单元。 土壤分类采用六级分类系统，高级分类单元包括土纲、亚纲、土类、亚类四级，以土类为高级分类基本单元；基层分类包括土属、土种二级，以土种为基层分类单元。

3. 土壤分类命名

（1）土类、亚类命名。 全省 21 个土类 55 个亚类，命名与第二次全国土壤普查土壤分类系统一致。

（2）土属、土种命名。 传统命名与当地命名并列。传统命名沿用长期以来使用的土类、亚类到土属、土种的连续命名法，连续分段命名，文字力求简练（表 2-1）。

表 2-1　土属土种连续命名举例

土种	土属	土类（亚类）
壤质	复钙	褐土
厚腐中层	粗散状	灰色森林土
黏质轻度	硫酸盐氯化物	盐化潮土

当地命名系统总结当地群众简练的土壤名称，直接标识某个具体土种，如蒙金土、两合土、红胶土、麻石渣。一部分土种单名采取地名、土名结合的方式，以示区别。

4. 等级划分及其依据　河北省第二次土壤普查制定了河北省土壤分类系统，以全国土壤分类原则和标准为依据，下面阐述了河北省的土壤六级划分及其依据，详见《河北土种志》。

（1）**土纲**。土纲是土壤分类的最高级单元，是土壤重大属性的差异和土类属性共性的归纳和概括。其划分突出土壤的成土过程、属性的某些共性以及重大环境因素对土壤发生性状的影响。全省土壤划分为淋溶土、半淋溶土、钙层土、初育土、水成土、半水成土、盐碱土、人为土等 8 个土纲。

（2）**亚纲**。亚纲是同一土纲内，依据所处水热条件差别、岩性及盐碱的重大差异来划分出不同的土壤分类单元，一般地带性土纲可按水热条件划分。如河北省具备 13 个亚纲，即湿暖温淋溶土、半湿暖温半淋溶土、半湿温半淋溶土、半干旱温钙层土、石质初育土、土质初育土、暗半水成土、淡半水成土、水成土、盐土、碱土、水稻土、灌耕土。

（3）**土类**。土类是土壤高级分类基本单元，是依据成土条件、成土过程与发生属性的共同性来划分。同一土类的土壤，其成土条件和主要土壤属性相同。中国土壤分类系统中的 60 个土类命名，能较好表达中国主要土壤类型的典型特征，不同土类之间其发生属性与层段有明显差异。河北省具备 21 个土类：棕壤、灰色森林土、黑土、褐土、栗钙土、栗褐土、石质土、粗骨土、红黏土、风沙土、新积土、沼泽土、草甸土、砂姜黑土、山地草甸土、潮土、盐土、滨海盐土、碱土、水稻土、灌淤土。

（4）**亚类**。亚类是在同一土类范围内，由于发育阶段不同，或在主导成土过程之外，有一个附加的成土过程，或处于不同土类间过渡地带发育的土壤单元。全省土壤共划分出 55 个亚类。

（5）**土属**。土属是亚类的续分，也是土种的总结。土属起着承上启下的作用。土属类型主要是根据成土母质及风化壳类型，水文地质状况，中、小地形和人为活动等所产生的土壤属性变化划分的。全省土壤共划分出 164 个土属。

（6）**土种**。土种是土壤分类系统中的基层分类单元，是处于相同或相似景观部位，具有相似的土体构型的一群土壤实体。土种的划分是根据景观特征、地形部位、水热条件、母质类型、土体构型（包括厚度、层位、形态特征）、属性、量级指标、土种间的性状指标的量级差异、区域的生产性和生产潜力是否具有一定稳定性等。全省土壤共划分出 357 个土种。

5. 土壤分类系统 河北省土壤包括 8 个土纲 13 个亚纲 21 个土类 55 个亚类 164 个土属 357 个土种。

（二）河北省土壤系统分类

第二次土壤普查结束后，全国性的土壤调查与土壤发生分类研究进入了一个低潮期，而基于定量诊断分类的系统分类逐步兴起。与全国土壤调查形势相呼应，河北省自第二次土壤普查后，也开始了土壤系统分类的研究。黄勤、张凤荣等将曲周土壤划分为人为土、淋溶土、雏形土 3 个土纲；张保华和刘道辰等对秦皇岛市石门寨区域土壤进行系统分类研究，确定了该地区系统分类的土壤类型；朱安宁和张佳宝等对河北省栾城县的土壤进行了基层分类研究；曹祥会和雷秋良等基于河北省 142 个气象观测站 1951—2010年的日值气象数据，利用 GIS 空间分析技术，对河北省近 60 年土壤温度和干湿状况的时空变化规律进行了分析；安红艳和龙怀玉等对冀北 13 个具有典型代表性的土壤剖面进行了研究，把它们归属为 3 个土纲（雏形土、有机土、新成土），进一步拟定了 13 个土系；李军和龙怀玉等对冀北地区 7 个盐碱化土壤进行了分类，共划分了 4 个土纲 6 个亚纲 6 个土类 7 个亚类，并拟建立和描述了平地脑包系等 7 个土系。

2009 年，中国农业科学院农业资源与农业区划研究所在河北省开展系统土系调查和基层分类研究，按照统一的土系研究技术规范，完成了河北省的土系建立，获得典型土系的完整信息和部分典型土系的整段模式标本，并且根据定量化分类的总体要求，确立了河北省土壤从土纲到土系的完整分类，编制出版了《中国土系志·河北卷》。本书以《中国土系志·河北卷》为依据，对河北省土壤系统分类进行介绍。

河北土壤系统分类采用土系、土族、亚类、土类、亚纲、土纲六级分类制。土壤类型是由具体到概括、由下至上逐级编组。基层分类单元（土族和土系）数目多，且性状较为具体；高级分类单元（土纲、亚纲、土类、亚类）数目少，且具有较大的概括性。系统分类中的各级分类以诊断层和诊断特性为基础，以发生学理论为指导，各级分类单元定义清晰，结合实际情况，彰显了我国特色。

1. 诊断层和诊断现象

诊断层：凡用于鉴别土壤类别的，在性质上有一系列定量规定的特定土层。

诊断表层：位于单个土体最上部的诊断层。

诊断表下层：由物质的淋溶、淀积迁移或就地富集在土壤表层下所形成的具有诊断意义的土层。诊断表下层包括发生层中的 B 层和 E 层。它在土壤遭受剥蚀的情况下，可暴露于地表。

河北省土壤系统分类中的诊断层与诊断特性的确定，是根据河北省的具体情况，从中国土壤系统分类中选取了 8 个诊断层、9 个诊断表下层、14 个诊断特性和 8 个诊断现象。具体的诊断层、诊断特性和诊断现象的指标参见《中国土壤系统分类检索》（第 3 版）。

2. 土壤名称 记录土壤分类名称，可参考《中国土壤系统分类检索》（第 3 版）（详细至亚类）或《中国土壤分类系统》。

3. 系统分类的等级划定 土纲、亚纲、土类、亚类 4 个高级单元的名称根据剖面观测、土层测试等，确定各个剖面的诊断层和诊断特性，然后依据《中国土壤系统分类检索》（第 3 版），通过逐步检索确定。基层单元土族和土系划分方法按照《中国土壤系统分类土族和土系划分标准》（张甘霖等，2013）进行。

（三）河北省土壤分类参比研究

土壤分类的参比研究对于促进土壤分类学科之间的交流和土壤分类系统的完善是非常重要的。不同的分类体系依据的原则是不一样的，参比研究的难易程度也是不一样的。在进行定量与定性的分类体系之间的土壤参比时，需要通过对不同土壤分类体系的对比，把握其中的差别，掌握土壤性质，才能正确进行土壤分类体系之间参比的研究。河北省土壤系统分类是在中国土壤系统分类基础上，根据河北省内的土壤实际情况，依据统一的原则和依据，进行土壤系统分类的研究和制定。因此，弄清楚中国土壤系统分类与国际上土壤系统分类体系的区别和联系就是从根源上理解河北省土壤系统分类参比研究。

1. **土壤系统分类之间的参比**　中国土壤系统分类的理论和方法均是在诊断层和诊断特性的基础上建立起来，中国土壤系统分类与世界上的土壤系统分类既有共性，也有自身的特点。这里将中国土壤系统分类与美国土壤系统分类和世界土壤资源参比基础作简单的对比。灰土与变性土基本相同；有机质土与火山灰土基本一致。美国土壤系统分类体系中的干旱土，按中国土壤系统分类体系分为干旱土和盐成土，世界土壤资源参比基础体系又将其分为钙积土、石膏土、盐土和碱土。中国土壤系统分类体系中的新成土相当于美国土壤系统分类体系中的大部分新成土和部分冻土，与世界土壤资源参比基础体系中的冲积土、薄层土、沙土、疏松岩性土、寒冻土等类似。对于中国土壤系统分类体系中的均腐土、淋溶土、富铁土三个土纲，其划分指标与美国土壤系统分类体系中的软土、淋溶土、老熟土等并不相同。尤其需要说明的是，中国土壤系统分类体系中的富铁土，它的划分是以阳离子交换量为基础，而不是美国土壤系统分类体系中的黏化层和盐基饱和度。另外，关于人为土的确定和划分，中国学者也做出了重要的贡献。

2. **地理发生分类与系统分类的参比**　中国在第二次土壤普查中，由百余名土壤科学家共同制定了中国土壤分类系统，作为第二次土壤普查规范性文档，第二次土壤普查后作为国家标准在全国推荐使用。对第二次土壤普查分县调查资料的首次汇总显示，从分县调查资料中提取出的土壤类型名与国家标准发布的类型名存在一定差异。

国家标准分类系统自二普以来在全国推广应用已有 30 多年，对各地影响较大。由龚子同等建立的中国土壤系统分类也采用了六级分类系统，分别为土纲、亚纲、土类、亚类、土族和土系，各层级土壤类型的命名规则与国家标准相差较大。

　　进行土壤参比时，因为各土壤的命名和依据不尽相同，所以对与国家标准不符的土壤类型名进行修编需要有土壤分类学依据（表2-2）。此外，还要弄清楚目前国家标准分类系统与中国土壤系统分类之间，以及这两套系统与世界土壤资源参比基础之间的关联，这对完善河北省第三次土壤普查工作的土壤分类系统具有重要的意义。

表2-2　河北省土系和土种参比

土系	土种	土系	土种
安定堡系	厚腐厚层暗实状暗栗钙土	富河系	钙积壤质中碱化栗钙土
白岭系	黄土状褐土	高庙李虎系	中性石质土
白土岭系	中层灰质石灰性褐土	沟门口系	薄腐中层粗散状褐土性土
卑家店系	中性石质土	沟脑系	中腐厚层粗散状黄棕壤
北沟系	钙质石质土	关防系	钙质石质土
北虎系	黏层黏壤质洪冲积潮褐土	滚龙沟系	薄腐中层粗散状褐土
北田家窑系	白云岩薄腐厚层灰质淋溶褐土	韩毡房系	黏质深位硫酸盐草甸碱土
北湾系	中性粗骨土	行乐系	黄土状石灰性褐土
北王庄系	中性石质土	红草河系	壤性洪冲积潮褐土
北杖子系	黄土状淋溶褐土	红松洼顶系	厚腐厚层暗实状山地草甸土
边墙山系	中性粗骨土	红松洼腰系	厚腐厚层暗实状黑土
梓椤树系	砾石层壤质潮土	洪家屯系	薄腐厚层灰质淋溶褐土
菜地沟系	中性石质土	鸿鸭屯系	老红黏土
曹家庄系	壤质潜育性水稻土	侯营坝系	沙质固定草原风沙土
草碾华山系	钙质粗骨土	后保安系	厚腐厚层粗散状暗栗钙土
茶叶沟门系	酸性粗骨土	后补龙湾系	壤质氯化物碱化盐土
厂房子系	中性石质土	后东峪系	薄腐中层粗散状褐土
陈家房系	中层粗散状栗褐土	后梁系	壤质黄土状栗褐土
城外系	中性石质土	后小脑包系	沙壤质洪冲积暗栗钙土

（续）

土系	土种	土系	土种
城子沟系	厚腐中层粗散状森林灰化土	胡家屯系	沙质灌淤土
达衣岩系	中性石质土	胡太沟系	中腐厚层粗散状棕壤
大架子系	厚腐中层粗散状灰色森林土	桦林子系	薄层粗散状棕壤性土
大老虎沟系	沙壤质洪冲积暗栗钙土	黄銮庄系	壤质灌淤土
大蟒沟系	中层粗散状栗褐土	黄峪铺系	厚腐中层灰质淋溶褐土
大茡子沟系	黄土状淋溶褐土	黄杖子系	中性粗骨土
大杨树沟系	酸性粗骨土	姬庄系	酸性粗骨土
大赵屯系	黏质潮土	贾庄系	酸性粗骨土
定州王庄系	壤质中度苏打盐化潮土	架大子系	沙壤质风积草甸土
端村系	黏质湖积草甸沼泽土	姜家店系	中性石质土
二间房系	壤质冲积草甸沼泽土	九神庙系	漂白暗实状棕壤性土
二盘系	厚腐厚层暗实状黑土	鹫岭沟系	黄土状石灰性褐土
付杖子系	薄腐厚层灰质淋溶褐土	克马沟系	厚腐中层沙壤质风积灰色森林土
老王庄系	黏壤质滨海盐土	平房沟系	钙质石质土
李虎庄系	黏质中位砂姜黑土	乔家宅系	壤质脱潮土
李土系	壤质非石灰性潮土	热水汤顶系	厚腐厚层暗实状黑土
李肖系	壤质重度氯化物盐化潮土	热水汤脚系	厚腐厚层暗实状黑土
李占地	壤质氯化物草甸盐土	热水汤腰系	厚腐厚层粗散状棕壤性土
良岗系	酸性石质土	塞罕坝系	厚腐厚层沙壤质风积灰色森林土
梁家湾系	酸性石质土	三道河系	薄腐厚层粗散状棕壤性土
刘瓦窑系	壤质轻度苏打碱化潮土	三间房系	壤层沙质洪冲积潮棕壤
留守营系	壤质淹育水稻土	山前系	薄腐厚层粗散状棕壤
六道河系	砾石层黏壤质洪冲积潮褐土	山湾子系	黄土状褐土
龙耳系	黄绵土	上薄荷系	薄腐厚层粗散状淋溶褐土
楼家窝铺系	薄腐中层粗散状棕壤性土	神仙洞系	沙壤质冲积性沼泽土
芦花系	沙性冲积草甸栗钙土	圣寺驼系	中性粗骨土

（续）

土系	土种	土系	土种
芦井系	黏质盐渍水稻土	石砬棚系	酸性粗骨土
鹿尾山系	砾质冲积土	淑阳系	黏层壤质潮土
罗卜沟门系	沙质非石灰性潮土	帅家梁系	钙质石质土
麻家营系	砾质冲积土	双树系	黏壤质轻度硫酸盐盐化灌淤土
马圈系	壤质黄土状栗褐土	水泉沟系	厚腐中层风积灰色森林土
马蹄坑顶系	粗散状灰色森林土性土	司格庄系	酸性粗骨土
马蹄坑脚系	冲积沙质草甸沼泽土	松窑岭系	厚腐厚层粗散状棕壤性土
马营子系	冲积物壤质弱碱化栗钙土	宋官屯系	黏层壤质潮土
美义城系	壤质硫酸盐盐化草甸盐土	孙老庄系	黏质轻度氯化物盐化砂姜黑土
庙沟门子系	沙质固定草原风沙土	塔儿寺系	厚层灰质石灰性褐土
木头土系	厚腐中层冲积性黑土	塔黄旗系	酸性粗骨土
南岔系	薄腐中层暗实状灰色森林土	踏山系	中性石质土
南井沟系	厚腐厚层粗散状暗栗钙土	台子水系	沙壤质洪积草甸土
南排河系	壤质湖积盐化沼泽土	瓦窑系	壤质冲积石灰性草甸土
南申庄系	黏层壤质脱潮土	王官营系	壤质非石灰性潮土
南十里铺系	沙层壤质潮土	文庄系	黏层壤质潮土
南双洞系	砾石层壤质非石灰性潮土	西杜系	沙壤质固定草甸风沙土
南太平系	壤质深位石灰性砂姜黑土	西双台系	砾石层壤质潮土
南张系	黏层壤质潮土	西长林后山系	厚腐厚层暗实状灰色森林土
碾子沟系	黄土状褐土	西赵家窑系	沙壤质黄土状栗褐土
牛家窑系	黏壤质灌淤土	西直沃系	壤层沙质潮土
庞各庄系	壤层沙质洪冲积潮棕壤	下庙系	薄腐中层棕壤性土
平地脑包系	壤质轻度氯化物盐化栗钙土	下平油系	壤质轻度苏打盐化潮土
下桥头系	壤质洪冲积淋溶褐土	窑洞系	厚腐厚层灰质淋溶褐土
小拨系	沙质固定草原风沙土	义和庄系	钙质石质土
谢家堡系	中性石质土	影壁山系	粗散状栗钙土性土

（续）

土系	土种	土系	土种
杏树园系	酸性石质土	御道口顶系	厚腐厚层粗散状灰色森林土
熊户系	沙质冲积土	御道口脚系	沙质冲积草甸土
徐枣林系	壤质洪冲积潮褐土	御道口腰系	厚腐厚层粗散状灰色森林土
压带系	沙性潜育性草甸土	袁庄系	壤质洪冲积潮褐土
闫家沟系	壤质洪冲积潮褐土	闸扣系	钙质石质土
羊点系	中腐中层粗散状山地草甸土	张庄子系	黏层沙壤质盐渍水稻土
阳坡系	厚层灰质栗褐土	长岭峰系	壤质洪冲积淋溶褐土
阳台系	沙层壤质潮土	周家营系	壤质中度氯化物盐化潮土
杨达营系	草原固定风沙土	子大架系	厚腐厚层沙壤质风积灰色森林土
仰山系	沙壤质洪冲积淋溶褐土	蚜蚄口系	壤质灌淤土

第三章

河北省土壤数据库规范

一、土壤数据库数据组织管理

（一）分类与编码

土壤数据要素分为 3 个大类，并依次细分为小类、一级类、二级类和三级类。要素代码由 6 位数字码构成，空位以"0"补齐，其结构如表 3 - 1 所示。

表 3 - 1　土壤数据要素分类与编码

数据要素分类	编码	数据要素分类	编码
大类码	×	一级类要素码	×
小类码	×	二级类要素码	××
		三级类要素码	×

（1）大类码为专业代码，设定为 1 位数字码，其中基础地理专业码为 1，土壤普查专业码为 6，栅格数据专业码为 3。

（2）小类码为业务代码，设定为 1 位数字码，空位以 0 补齐。

（3）一级至三级类码为要素分类代码。其中一级类码为 1 位数字码，二级类码为 2 位数字码，三级类码为 1 位数字码，空位以 0 补齐。

（4）各要素类中如含有"其他"类，则该类代码直接设为"9"或"99"。

（二）要素代码与描述

空间信息数据中各要素代码与名称描述见表 3-2。

表 3-2　土壤普查要素代码与名称描述

要素代码	要素名称	要素代码	要素名称	要素代码	要素名称
100000	基础地理信息要素	611000	土壤类型	633000	布设样点
160000	境界与管辖区域	612000	土地利用类型	634000	调查样点
162000	管辖区域	613000	坡度图	640000	制图要素
162010	省级行政区	620000	特征要素	641000	土壤分类制图单元
162020	地级行政区	621000	植被优势种群	642000	土壤性状制图单元
162030	县级行政区	622000	作物常年产量水平	300000	栅格数据
162040	乡级区域	623000	种植制度	310000	数字正射影像图
162050	村级区域	624000	种植结构	320000	数字栅格地图
162060	区域界线	630000	样点要素	330000	数字高程模型
600000	土壤普查	631000	样点布设区	390000	其他栅格数据
610000	基础要素	632000	布设网格		

注：基础地理信息要素及行政区、行政区界线要素参考《基础地理信息要素分类与代码》（GB/T 13923—2022）。

（三）空间要素分层

空间地理信息数据采用分层方法进行组织管理，层名、层要素、几何特征及属性表名称描述见表 3-3。

表 3-3　空间要素分层描述

序号	层名	层要素	几何特征	属性表名	约束条件
1	境界与管辖区域	省级行政区	Polygon	SJXZQ	M
2		地级行政区	Polygon	DJXZQ	M
3		县级行政区	Polygon	XJXZQ	M
4		乡级区域	Polygon	XJQY	M
5		村级区域	Polygon	CJQY	M
6		区域界线	Line	QYJX	O

（续）

序号	层名	层要素	几何特征	属性表名	约束条件
7		土壤类型	Polygon	TRLX	M
8		土地利用类型	Polygon	TDLYLX	M
9		坡度图	Polygon	PDT	O
10	底图	植被优势种群	Polygon	ZBYSZQ	O
11		作物常年产量水平	Polygon	ZWCNCLSP	O
12		种植制度	Polygon	ZZZD	O
13		种植结构	Polygon	ZZJG	O
14		样点布设区	Polygon	YDBSQ	M
15	样点	布设网格	Polygon	BSWG	O
16		布设样点	Point	BSYD	M
17		调查样点	Point	DCYD	M
18	土壤制图	土壤分类制图单元	Polygon	TRFLZTDY	M
19		土壤性状制图单元	Polygon	TRXZZTDY	M
20		数字正射影像图	Image	SGSJ	O
21	栅格数据	数字栅格地图	Image	SGSJ	O
22		数字高程模型	Image	SGSJ	O
23		其他栅格数据	Image	SGSJ	O

（四）非空间数据分类

非空间数据采用二维表的方式进行组织管理，见表3-4。

表3-4　非空间数据分类管理表

序号	类别	属性名称	属性表名	约束条件
1		立地条件调查信息	LDTJDCXX	M
2	调查采样	剖面形态学调查基本信息	PMXTXDCJBXX	M
3		剖面形态学调查分层信息	PMXTXDCFCXX	M
4		采样信息	CYXX	M
5	样品制备	样品制备	YPZB	M

（续）

序号	类别	属性名称	属性表名	约束条件
6	检测分析	土壤表层样物理性状	TRBCYWLXZ	M
7		土壤表层样化学性状	TRBCYHXXZ	M
8		土壤表层样环境性状	TRBCYHJXZ	M
9		土壤表层样生物性状	TRBCYSWXZ	M
10		土壤剖面样检测结果	TRPMYJCJG	M
11	样品流转	样品装运	YPZY	M
12		样品装运样品清单	YPZYYPQD	M
13		样品接收	YPJS	M
14		样品接收样品清单	YPJSYPQD	M
15	质量控制	质控样品	ZKYP	M
16	样品库	样品库	YPK	M
17	辅助管理	检测实验室	JCSYS	M
18		质量控制实验室	ZLKZSYS	M
19		人员	RY	M

（五）示例

1. 数据库建立及属性表预览　建立数据库的属性表预览见图 3-1。

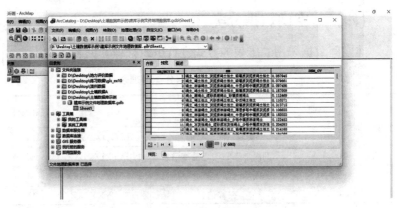

图 3-1　数据库属性表

2. 新建要素数据集及要素类　新建要素数据集见图 3-2，新建要素类见图 3-3，表属性见图 3-4。

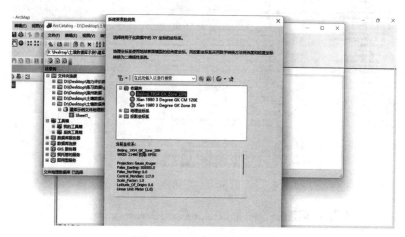

图 3-2　新建要素数据集

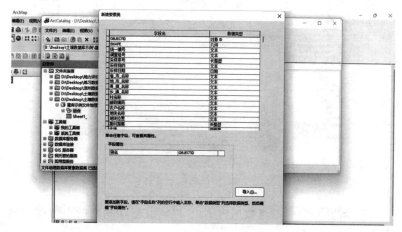

图 3-3　新建要素类

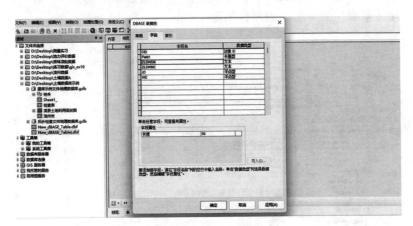

图 3-4　表属性

3. 简单数据加载　简单数据加载程序见图 3-5。

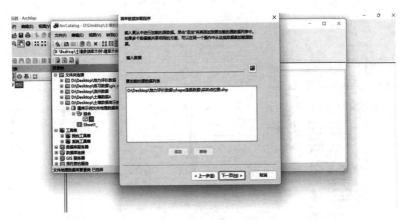

图 3-5　简单数据加载程序

4. **数据预览**（以点数据为例）　以河北省滦州市的点数据为例进行数据预览见图 3-6。

5. **打开文件地理数据库**　打开文件地理数据库见图 3-7。

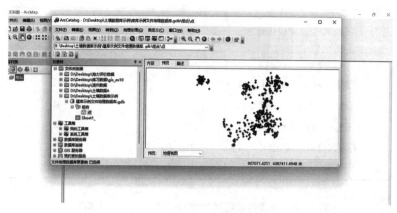

图 3-6　点数据预览

图 3-7　地理数据库

二、土壤数据库数据结构

（一）空间要素属性结构

1. **境界与管辖区域**　省级、地级、县级行政区属性结构分别见表3-5、表3-6和表3-7，乡级和村级区域属性结构分别见表3-8和表3-9，区域界线属性结构见表3-10。

表 3-5　省级行政区属性结构描述（表名：SJXZQ）

序号	字段名称	字段代码	字段类型	字段长度	小数位数	值域	约束条件	备注
1	标识码	BSM	Int	10			M	
2	要素代码	YSDM	Char	6		见表 3-2	M	
3	行政区名称	XZQMC	Char	100			M	
4	行政区代码	XZQDM	Char	12			M	
5	行政区面积	XZQMJ	Float	15	2	>0	O	km^2
6	备注	BZ	Varchar				O	

表 3-6　地级行政区属性结构描述（表名：DJXZQ）

序号	字段名称	字段代码	字段类型	字段长度	小数位数	值域	约束条件	备注
1	标识码	BSM	Int	10			M	
2	要素代码	YSDM	Char	6		见表 3-2	M	
3	行政区名称	XZQMC	Char	100			M	
4	行政区代码	XZQDM	Char	12			M	
5	行政区面积	XZQMJ	Float	15	2	>0	O	km^2
6	备注	BZ	Varchar				O	

表 3-7　县级行政区属性结构描述（表名：XJXZQ）

序号	字段名称	字段代码	字段类型	字段长度	小数位数	值域	约束条件	备注
1	标识码	BSM	Int	10			M	
2	要素代码	YSDM	Char	6		见表 3-2	M	
3	行政区名称	XZQMC	Char	100			M	
4	行政区代码	XZQDM	Char	12			M	
5	行政区面积	XZQMJ	Float	15	2	>0	O	km^2
6	备注	BZ	Varchar				O	

表 3-8 乡级区域属性结构描述（表名：XJQY）

序号	字段名称	字段代码	字段类型	字段长度	小数位数	值域	约束条件	备注
1	标识码	BSM	Int	10			M	
2	要素代码	YSDM	Char	6		见表 3-2	M	
3	行政区名称	XZQMC	Char	250			M	
4	行政区代码	XZQDM	Char	12			M	
5	行政区面积	XZQMJ	Float	15	2	>0	O	m²
6	备注	BZ	Varchar				O	

表 3-9 村级区域属性结构描述（表名：CJQY）

序号	字段名称	字段代码	字段类型	字段长度	小数位数	值域	约束条件	备注
1	标识码	BSM	Int	10			M	
2	要素代码	YSDM	Char	6		见表 3-2	M	
3	行政区名称	XZQMC	Char	250			M	
4	行政区代码	XZQDM	Char	12			M	
5	行政区面积	XZQMJ	Float	15	2	>0	O	m²
6	备注	BZ	Varchar				O	

表 3-10 区域界线属性结构描述（表名：QYJX）

序号	字段名称	字段代码	字段类型	字段长度	值域	约束条件
1	标识码	BSM	Int	10		M
2	要素代码	YSDM	Char	6	见表 3-2	M
3	界线类型	JXLX	Char	6		M
4	界线性质	JXXZ	Char	6		M
5	界线说明	JXSM	Char	254		O

2. 栅格数据属性结构 栅格数据属性结构描述见表 3-11。

表 3-11 栅格数据属性结构描述（表名：SGSJ）

序号	字段名称	字段代码	字段类型	字段长度	小数位数	约束条件
1	标识码	BSM	Int	10		M
2	要素代码	YSDM	Char	6		M
3	图幅编号	TFBH	Char	50		M
4	图幅名称	TFMC	Char	254		M
5	数据类型	SJLX	Char	20		M
6	头文件名	TWJM	Varchar			M
7	数据文件名	SJWJM	Varchar			M
8	元数据文件名	YSJWJM	Varchar			M
9	影像来源	YXLY	Char	254		O
10	影像分辨率	YXFBL	Char	4		M
11	高程基准	GCJZ	Char	254		O
12	地形类别	DXLB	Char	254		O
13	成图比例尺	CTBLC	Char	7		M
14	坐标系统类型	ZBXTLX	Char	50		M
15	大地平面坐标投影	DDPMZBTY	Char	50		M
16	中央经线经度	ZYJXJD	Float	20	4	M
17	左下角 X 坐标	ZXJXZB	Float	15	3	M
18	左下角 Y 坐标	ZXJYZB	Float	15	3	M
19	右上角 X 坐标	YSJXZB	Float	15	3	M
20	右上角 Y 坐标	YSJYZB	Float	15	3	M
21	拍摄时间	PSSJ	Date			M
22	备注	BZ	Varchar			O

3. 底图

（1）土壤类型属性结构。 表 3-12 为土壤类型属性结构描述。

表 3－12　土壤类型属性结构描述（表名：TRLX）

序号	字段名称	字段代码	字段类型	字段长度	小数位数	值域	约束条件	备注
1	标识码	BSM	Int	10			M	
2	要素代码	YSDM	Char	6		见表3－2	M	
3	土类	TL	Char	30			M	见本表注
4	亚类	YL	Char	30			M	见本表注
5	土属	TS	Char	30			M	见本表注
6	土种	TZ	Char	30			M	见本表注
7	面积	MJ	Float	15	2	＞0	O	m²
8	备注	BZ	Varchar				O	

注：依据《第三次全国土壤普查土壤类型名称校准技术规范》（修订版）和《中国土壤分类与代码》（GB/T 17296—2009）填写分类名称，且优先采用三普技术规范。此注解也适用于河北省土壤数据库规范中其他表格中的相应字段。

（2）土地利用类型属性结构。表 3－13 为土地利用类型属性结构描述。

表 3－13　土地利用类型属性结构描述（表名：TDLYLX）

序号	字段名称	字段代码	字段类型	字段长度	小数位数	值域	约束条件	备注
1	标识码	BSM	Char	18			M	
2	要素代码	YSDM	Char	6		见表3－2	M	
3	图斑编号	TBBH	Char	8			M	
4	地类编码	DLBM	Char	5			M	
5	地类名称	DLMC	Char	60			M	
6	坐落单位代码	ZLDWDM	Char	19			M	
7	坐落单位名称	ZLDWMC	Char	60			M	
8	图斑面积	TBMJ	Float	15	2	＞0	M	m²
9	坡度级别	PDJB	Char	2			M	

（续）

序号	字段名称	字段代码	字段类型	字段长度	小数位数	值域	约束条件	备注
10	耕地地力等级	GDDLDJ	Char	4			O	
11	备注	BZ	Varchar				O	

注：图斑编号以村级调查区为单位统一顺序编号。变更图斑号在本村级调查区最大图斑号后续编。地类编码和名称按《第三次全国国土调查技术规程》中的第三次全国国土调查工作分类执行，填写最末级分类。耕地地力等级参照《耕地质量等级》（GB/T 33469—2016）。

（3）坡度图属性结构。表 3-14 为坡度图属性结构描述。

表 3-14　坡度图属性结构描述（表名：PDT）

序号	字段名称	字段代码	字段类型	字段长度	约束条件
1	标识码	BSM	Char	18	M
2	要素代码	YSDM	Char	6	M
3	坡度级别	PDJB	Char	2	M
4	备注	BZ	Varchar		O

（4）植被优势种群属性结构。表 3-15 为植被优势种群属性结构描述。

表 3-15　植被优势种群属性结构描述（表名：ZBYSZQ）

序号	字段名称	字段代码	字段类型	字段长度	约束条件
1	标识码	BSM	Int	10	M
2	要素代码	YSDM	Char	6	M
3	植被类型	ZBLX	Char	50	M
4	备注	BZ	Varchar		O

（5）作物常年产量水平。表 3-16 为作物常年产量水平。

表 3-16　作物常年产量水平属性结构描述（表名：ZWCNCLSP）

序号	字段名称	字段代码	字段类型	字段长度	小数位数	约束条件	备注
1	标识码	BSM	Int	10		M	
2	要素代码	YSDM	Char	6		M	
3	作物类型	ZWLX	Char	50		M	
4	作物产量	ZWCL	Float	15	2	M	斤/亩
5	备注	BZ	Varchar			O	

注：斤为非法定计量单位，1 斤＝500 g，下同。

（6）种植制度属性结构。表 3-17 为种植制度属性结构描述。

表 3-17　种植制度属性结构描述（表名：ZZZD）

序号	字段名称	字段代码	字段类型	字段长度	小数位数	约束条件	备注
1	标识码	BSM	Int	10		M	
2	要素代码	YSDM	Char	6		M	
3	面积	MJ	Float	15	2	M	m²
4	熟制	SZ	Char	8		M	
5	备注	BZ	Varchar			O	

（7）种植结构属性结构。表 3-18 为种植结构属性结构描述。

表 3-18　种植结构属性结构描述（表名：ZZJG）

序号	字段名称	字段代码	字段类型	字段长度	小数位数	约束条件	备注
1	标识码	BSM	Int	10		M	
2	要素代码	YSDM	Char	6		M	
3	面积	MJ	Float	15	2	M	m²
4	种植类型	ZZLX	Char	50		M	
5	备注	BZ	Varchar			O	

4. 样点

（1）样点布设区属性结构。 表 3 - 19 为样点布设区属性结构描述。

表 3 - 19　样点布设区属性结构描述（表名：YDBSQ）

序号	字段名称	字段代码	字段类型	字段长度	小数位数	值域	约束条件	备注
1	标识码	BSM	Int	10		见表 3 - 2	M	
2	要素代码	YSDM	Char	6			M	
3	土地利用类型	TDLYLX	Char	4			M	
4	坡度级别	PDJB	Char	2			M	
5	土类	TL	Char	30			M	
6	亚类	YL	Char	30			M	
7	土属	TS	Char	30			M	
8	土种	TZ	Char	30			M	
9	中心点经度	ZXDJD	Float	9	6	72.000 000～136.000 000	M	
10	中心点纬度	ZXDWD	Float	8	6	0.000 000～60.000 000	M	
11	面积	MJ	Float	15	2		M	m²
12	备注	BZ	Varchar				O	

　　注：土地利用类型依据《第三次全国国土调查技术规程》中的第三次全国国土调查工作分类执行，填写最末级分类。

（2）布设网格属性结构。 表 3 - 20 为布设网格属性结构描述。

表 3 - 20　布设网格属性结构描述（表名：BSWG）

序号	字段名称	字段代码	字段类型	字段长度	小数位数	约束条件	备注
1	标识码	BSM	Int	10		M	
2	要素代码	YSDM	Char	6		M	
3	网格大小	WGDX	Char	2		M	
4	左下角经度	ZXJJD	Float	9	6	M	度（°）
5	左下角纬度	ZXJWD	Float	8	6	M	度（°）
6	备注	BZ	Varchar			O	

(3) 布设样点属性结构。 表 3-21 为布设样点属性结构描述。

表 3-21　布设样点属性结构描述（表名：BSYD）

序号	字段名称	字段代码	字段类型	字段长度	小数位数	约束条件	备注
1	标识码	BSM	Int	10		M	
2	要素代码	YSDM	Char	6		M	
3	样点编号	YDBH	Char	16		M	
4	样点类别	YDLB	Char	2		M	
5	采样类型	CYLX	Char	2		M	
6	坐落单位代码	ZLDWDM	Char	12		M	
7	坐落单位名称	ZLDWMC	Char	60		M	
8	经度	JD	Float	9	6	M	度（°）
9	纬度	WD	Float	8	6	M	度（°）
10	坡度	PD	Char	3		M	
11	土地利用类型	TDLYLX	Char	4		M	
12	土壤类型编码	TRLXBM	Char	12		O	
13	土类	TL	Char	30		M	
14	亚类	YL	Char	30		M	
15	土属	TS	Char	30		M	
16	土种	TZ	Char	30		M	
17	备注	BZ	Varchar			O	

注：样点编号为 16 位编码，由县级行政区域代码 6 位＋土地利用类型 4 位＋样品类别 1 位＋序号 5 位流水号，共 16 位组成，数据库规范中其余表中的样点编号也采用此规则。土壤类型根据《第三次全国土壤普查技术规程》（修订版）中土壤类型编码规则进行编码。土地利用类型编码依据第三次全国国土调查工作分类执行，填写最末级分类。此说明也适用于河北省土壤数据库规范中其他表格中的土地利用类型和土壤类型编码字段。

(4) 调查样点属性结构。表 3 - 22 为调查样点属性结构描述。

表 3 - 22　调查样点属性结构描述（表名：DCYD）

序号	字段名称	字段代码	字段类型	字段长度	小数位数	值域	约束条件	备注
1	标识码	BSM	Int	10			M	
2	要素代码	YSDM	Char	6		见表 3 - 2	M	
3	样点编号	YDBH	Char	16			M	
4	样点类别	YDLB	Char	2			M	
5	采样类型	CYLX	Char	2			M	
6	坐落单位代码	ZLDWDM	Char	12			M	
7	坐落单位名称	ZLDWMC	Char	60			M	
8	经度	JD	Float	9	6		M	
9	纬度	WD	Float	8	6		M	
10	坡度	PD	Char	3			M	
11	是否修正	SFXZ	Char	2		见本表注	M	
12	修正距离	XZJL	Float	5	2		C	m
13	土地利用类型	TDLYLX	Char	4			M	
14	土壤类型编码	TRLXBM	Char	12			M	
15	土类	TL	Char	30			M	
16	亚类	YL	Char	30			M	
17	土属	TS	Char	30			M	
18	土种	TZ	Char	30			M	
19	备注	BZ	Varchar				O	

注：河北省土壤数据库规范是否修正字段取值为"1＝是；0＝否"中的一项。

5. 制图

(1) 土壤分类制图单元。表 3 - 23 对土壤分类制图单元属性结构进行了描述。

表 3 - 23 土壤分类制图单元属性结构描述（表名：TRFLZTDY）

序号	字段名称	字段代码	字段类型	字段长度	小数位数	值域	约束条件	备注
1	标识码	BSM	Int	10			M	
2	要素代码	YSDM	Char	6		见表 3 - 2	M	
3	土类	TL	Char	30			M	
4	亚类	YL	Char	30			M	
5	土属	TS	Char	30			M	
6	土种	TZ	Char	30			M	
7	面积	MJ	Float	15	2		M	m^2

（2）土壤性状制图单元。表 3 - 24 对土壤性状专题单元属性结构描述。

表 3 - 24 土壤性状专题单元属性结构描述（表名：TRXZZTDY）

序号	字段名称	字段代码	字段类型	字段长度	小数位数	值域	约束条件	备注
1	标识码	BSM	Int	10			M	
2	要素代码	YSDM	Char	6		见表 3 - 2	M	
3	指标名称	ZBMC	Char	30			M	
4	指标上限	ZBSX	Float	15	4		M	
5	指标下限	ZBXX	Float	15	4		M	
6	指标值	ZBZ	Char	60			M	
7	面积	MJ	Float	15	2		M	m^2

注：指标上限、指标下限记录数据值类型的指标数据。指标值记录字符类型的指标数据。

（二）非空间要素属性结构

1. 调查采样

（1）立地条件调查信息属性结构。立地条件调查信息属性结构描述见表 3 - 25。

表3-25 立地条件调查信息属性结构描述（表名：LDTJDCXX）

序号	字段名称	字段代码	字段类型	字段长度	小数位数	约束条件	备注
1	样点编号	YDBH	Char	16		M	
2	侵蚀类型	QSLX	Char	2		M	
3	侵蚀程度	QSCD	Char	2		M	
4	大地形	DDX	Char	2		M	
5	中地形	ZDX	Char	2		M	
6	小地形	XDX	Char	2		M	
7	地形部位	DXBW	Char	3		M	
8	坡向	PX	Char	2		M	
9	母岩	MY	Char	120		M	可多选
10	母质	MZ	Char	60		M	可多选
11	海拔高度	HBGD	Float	8	2	M	
12	景观照片东	JGZPD	Varbin			M	
13	景观照片南	JGZPN	Varbin			M	
14	景观照片西	JGZPX	Varbin			M	
15	景观照片北	JGZPB	Varbin			M	
16	采样时间	CYSJ	Date	8		M	
17	天气情况	TQQK	Char	2		M	
18	基岩出露丰度	JYCLFD	Char	2		M	
19	基岩出露间距	JYCLJJ	Char	2		M	
20	地表砾石丰度	DBLSFD	Char	2		M	
21	地表砾石大小	DBLSDX	Char	4		M	
22	地表盐斑丰度	DBYBFD	Char	2		O	
23	地表盐斑厚度	DBYBHD	Char	2		O	
24	地表裂隙宽度	DBLXKD	Char	2		O	
25	地表裂隙长度	DBLXCD	Char	2		O	
26	地表裂隙丰度	DBLXFD	Char	2		O	

（续）

序号	字段名称	字段代码	字段类型	字段长度	小数位数	约束条件	备注
27	地表裂隙间隙	DBLXJX	Char	2		O	
28	地表裂隙方向	DBLXFX	Char	8		O	
29	地表裂隙连续性	DBLXLXX	Char	2		O	
30	土壤沙化	TRSH	Char	4		O	
31	轮作制度	LZZD	Char	2		O	
32	轮作制度变更	LZZDBG	Char	100		O	
33	耕地撂荒	GDLH	Char	4		O	
34	设施农业类型	SSNYLX	Char	8			
35	蔬菜种植年限	SCZZNX	Int	4			年
36	复种类型	FZLX	Char	2		O	
37	作物类型	ZWLX	Char	6		O	
38	产量水平	CLSP	Int	4		O	斤/亩
39	肥料种类	FLZL	Char	6		O	
40	施用量	SYL	Int	4		O	斤/亩
41	施用方式	SYFS	Char	100		O	
42	培肥措施	PFCS	Char	4		O	
43	是否高标准农田	SFGBZNT	Char	2		O	
44	灌溉保证率	GGBZL	Float	5	2	O	%
45	农田排水条件	NTPSTJ	Char	4		O	
46	田间道路工程	TJDLGC	Char	4		O	
47	田间平整度	TJPZD	Int	4		O	cm
48	园地林龄	YDLL	Int	4		O	年
49	植被类型	ZBLX	Char	4		O	
50	植被覆盖度	ZBFGD	Char	100		O	
51	调查人	DCR	Char	20		M	
52	调查单位	DCDW	Char	100		M	
53	备注	BZ	Varchar			O	

（2）剖面形态学调查信息属性结构。剖面形态学调查基本信息和分层信息属性结构描述见表 3-26 和表 3-27。

表 3-26　剖面形态学调查基本信息属性结构描述（表名：PMXTXDCJBXX）

序号	字段名称	字段代码	字段类型	字段长度	约束条件	备注
1	样点编号	YDBH	Char	16	M	
2	剖面照片	PMZP	Varbin		M	
3	有效土层厚度	YXTCHD	Int	4	M	cm
4	土体厚度	TTHD	Int	4	M	cm
5	土体构型	TTGX	Char	4	M	
6	发生层数	FSCS	Int	1	M	
7	备注	BZ	Varchar		O	

表 3-27　剖面形态学调查分层信息属性结构描述（表名：PMXTXDCFCXX）

序号	字段名称	字段代码	字段类型	字段长度	约束条件	备注
1	样点编号	YDBH	Char	16	M	
2	发生层序号	FSCXH	Int	1	M	从1开始
3	发生层类型	FSCLX	Char	2	M	
4	发生层照片	FSCZP	Varbin		M	可多个
5	新生体照片	XSTZP	Varbin		C	可多个
6	侵入体照片	QRTZP	Varbin		C	可多个
7	动物活动痕迹照片	DWHDHJZP	Varbin		C	
8	发生层厚度	FSCHD	Char	8	M	
9	边界明显度	BJMXD	Char	2	M	
10	边界过渡形状	BJGDXZ	Char	2	M	
11	根系大小	GXDX	Char	2	M	
12	根系丰度	GXFD	Char	2	M	
13	根系性质	GXXZ	Char	10	M	可多选

（续）

序号	字段名称	字段代码	字段类型	字段长度	约束条件	备注
14	质地	ZD	Char	2	M	
15	土壤结构形状	TRJGXZ	Char	2	M	
16	土壤结构大小	TRJGDX	Char	2	M	
17	发育程度	FYCD	Char	2	M	
18	土内砾石丰度	TNLSFD	Char	2	O	
19	土内砾石大小	TNLSDX	Char	2	O	
20	土内砾石形状	TNLSXZ	Char	4	O	
21	土内砾石风化程度	TNLSFHCD	Char	4	O	
22	土内砾石莫氏硬度（估）	TNLSMSYD	Char	6	O	
23	土内砾石组成物质	TNLSZCWZ	Char	32	O	可多选
24	总孔隙度	ZKXD	Char	2	M	
25	孔隙丰度	KXFD	Char	2	M	
26	孔隙粗细	KXCX	Char	2	M	
27	孔隙类型	KXLX	Char	4	M	
28	孔隙分布位置	KXFBWZ	Char	6	M	
29	结构性	JCX	Char	4	M	
30	新生体斑纹丰度	XSTBWFD	Char	2	C	
31	新生体斑纹大小	XSTBWDX	Char	2	C	
32	新生体斑纹位置	XSTBWWZ	Char	6	C	
33	新生体斑纹与土壤基质对比	XSTBWYTRJZDB	Char	2	C	
34	新生体斑纹边界	XSTBWBJ	Char	2	C	
35	新生体斑纹组成物质	XSTBWZCWZ	Char	4	C	
36	新生体胶膜丰度	XSTJMFD	Char	2	C	
37	新生体胶膜位置	XSTJMWZ	Char	6	C	
38	新生体胶膜组成物质	XSTJMZCWZ	Char	8	C	

（续）

序号	字段名称	字段代码	字段类型	字段长度	约束条件	备注
39	新生体胶膜与土壤基质对比	XSTJMYTRJZDB	Char	2	C	
40	矿质瘤状结核丰度	KZLZJHFD	Char	2	O	
41	矿质瘤状结核种类	KZLZJHZL	Char	6	O	
42	矿质瘤状结核大小	KZLZJHDX	Char	2	O	
43	矿质瘤状结核形状	KZLZJHXZ	Char	4	O	
44	矿质瘤状结核硬度	KZLZJHYD	Char	8	O	
45	矿质瘤状结核组成物质	KZLZJHZCWZ	Char	4	O	
46	新生体层连续性	XSTCLXX	Char	2	O	
47	新生体层内部构造	XSTCNBGZ	Char	6	O	
48	新生体层胶结程度	XSTCJJCD	Char	6	O	
49	新生体层组成物质	XSTCZCWZ	Char	8	O	
50	新生体层成因或起源	XSTCCYHQY	Char	4	O	
51	滑擦面面积	HCMMJ	Char	2	O	
52	侵入体种类	QRTZL	Char	4	O	可多选
53	侵入体丰度	QRTFD	Char	2	O	
54	土壤动物种类	TRDWZL	Char	6	C	可多选
55	土壤动物丰度	TRDWFD	Char	20	C	
56	土壤动物粪便丰度	TRDWFBFD	Char	2	O	
57	土壤动物影响情况	TRDWYXQK	Char	4	C	
58	石灰反应	SHFY	Char	6	M	
59	亚铁反应	YTFY	Char	2	O	
60	电导率速测	DDLSC	Char	16	O	
61	酚酞反应	FTFY	Char	4	O	
62	酸碱度	SJD	Char	2	M	
63	备注	BZ	Varchar		O	

(3) 采样信息属性结构。采样信息属性结构描述见表3-28。

表3-28 采样信息属性结构描述（表名：CYXX）

序号	字段名称	字段代码	字段类型	字段长度	小数位数	约束条件	备注
1	采样袋编号	CYDBH	Varchar			M	
2	样点编号	YDBH	Char	16		M	
3	样品重量	YPZL	Float	8	2	M	g
4	采样人	CYR	Char	20		M	
5	采样机构	CYJG	Char	50		M	
6	采样时间	CYSJ	Date	8		M	
7	备注	BZ	Varchar			O	

2. 样品制备 样品制备属性结构描述见表3-29。

表3-29 样品制备属性结构描述（表名：YPZB）

序号	字段名称	字段代码	字段类型	字段长度	小数位数	值域	约束条件	备注
1	样品编号	YPBH	Char	18			M	
2	加密样品编号	JMYPBH	Char	10			C	
3	保存方式	BCFS	Char	1			M	
4	研磨方式	YMFS	Char	4			M	
5	仪器编号	YQBH	Char	50			C	
6	仪器名称	YQMC	Char	100			C	
7	接收样品重量	JSYPZL	Float	8	2		M	g
8	风干样品重量	FGYPZL	Float	8	2		M	g
9	粗磨筛后重量	CMSHZL	Float	8	2		M	g
10	石砾重量	SLZL	Float	8	2		O	g
11	石砾重量百分数	SLZLBFS	Float	3	1	0.0~99.9	O	%
12	国家样品库分样重量	GJYPKFYZL	Float	8	2		M	g
13	制备留存样品重量	ZBLCYPZL	Float	8	2		M	g
14	送检样品重量	ZBYPZL	Float	8	2		O	g

（续）

序号	字段名称	字段代码	字段类型	字段长度	小数位数	值域	约束条件	备注
15	制备人	ZBR	Char	20			M	
16	制备机构	ZBJG	Char	50			M	
17	制备时间	ZBSJ	Date	8			M	
18	校核人	JHR	Char	20			C	
19	校核时间	JHSJ	Date	8			C	
20	审核人	SHR	Char	20			C	
21	审核时间	SHSJ	Date	8			C	

注：样品编号规则使用"16 位样点编号＋2 位顺序号"。加密样品编号通过加密算法对样品编号进行加密后转换化为 10 位编号。保存方式字段取值为"1＝常温、2＝低温、3＝避光"中的一项。研磨方式字段取值为"手工研磨、仪器研磨"中的一项。

3. 检测分析

（1）土壤表层样物理性状属性结构。土壤表层样物理性状属性结构描述见表 3 - 30。

表 3 - 30 **土壤表层样物理性状属性结构描述**（表名：TRBCYWLXZ）

序号	字段名称	字段代码	字段类型	字段长度	小数位数	值域	约束条件	备注
1	样品编号	YPBH	Char	18			M	
2	样品批次	YPPC	Char	50			M	
3	机械组成1	JXZC1	Float	6	2		M	％
4	机械组成2	JXZC2	Float	6	2		M	％
5	机械组成3	JXZC3	Float	6	2		M	％
6	机械组成4	JXZC4	Float	6	2		M	％
7	土壤质地	TRZD	Char	2			M	
8	土壤水稳定性团聚	TRSWDXTJ	Float	4	1	0.0～99.9	M	g/kg, ％
9	容重	RZ	Float	5	1	0.8～1.8	M	g/cm^3
10	紧实度	JSD	Char	2			M	
11	砾石含量	LSHL	Float	6	1		C	g/kg

(续)

序号	字段名称	字段代码	字段类型	字段长度	小数位数	值域	约束条件	备注
12	最大有效含水量	ZDYXHSL	Float	4	2	0.0~99.9	M	%
13	检测实验室代码	JCSYSDM	Char	8			M	
14	接样日期	JYRQ	Date	8			M	
15	报告日期	BGRQ	Date	8			M	
16	联系人	LXR	Char	20			M	
17	电话	DH	Char	20			M	

注：机械组成 1、2、3、4 分别指 0.002 mm 以下、0.02～0.002 mm、0.2～0.02 mm、2～0.2 mm 的颗粒含量。剖面样和表层样采用同样方式。

（2）土壤表层样化学性状属性结构。 土壤表层样化学性状属性结构描述见表 3-31。

表 3-31　土壤表层样化学性状属性结构描述（表名：TRBCYHXXZ）

序号	字段名称	字段代码	字段类型	字段长度	小数位数	约束条件	备注
1	样品编号	YPBH	Char	18		M	
2	pH	PH	Float	8	3	M	无
3	阳离子交换量	CEC	Float	8	3	M	cmol（+）/kg
4	交换性盐基总量	JHXYJZL	Float	8	3	M	cmol（+）/kg
5	交换性钙	ECA	Float	8	3	M	cmol（+）/kg
6	交换性镁	EMG	Float	8	3	M	cmol（+）/kg
7	交换性钠	ENA	Float	8	3	M	cmol（+）/kg
8	水溶性盐总量	SRXYZL	Float	8	3	M	g/kg
9	电导率	DDL	Float	8	3	M	mS/cm
10	水溶性钠离子	SRXNLZ	Float	8	3	M	cmol/kg（Na^+）
11	水溶性钾离子	SRXJLZ	Float	8	3	M	cmol/kg（K^+）
12	水溶性钙离子	SRXGLZ	Float	8	3	M	cmol/kg($1/2Ca^{2+}$)
13	水溶性镁离子	SRXMLZ	Float	8	3	M	cmol/kg($1/2Mg^{2+}$)

（续）

序号	字段名称	字段代码	字段类型	字段长度	小数位数	约束条件	备注
14	水溶性碳酸根	SRXTSG	Float	8	3	M	cmol/kg($1/2CO_3^{2-}$)
15	水溶性碳酸氢根	SRXTSQG	Float	8	3	M	cmol/kg（HCO_3^-）
16	水溶性硫酸根	SRXLSG	Float	8	3	M	cmol/kg（$1/2SO_4^{2-}$）
17	水溶性氯根	SRXLG	Float	8	3	M	cmol/kg（Cl^-）
18	有机质	OM	Float	8	3	M	g/kg
19	全氮	TN	Float	8	3	M	g/kg
20	全磷	TP	Float	8	3	M	g/kg
21	全钾	TK	Float	8	3	M	g/kg
22	全硒	TSE	Float	8	3	C	mg/kg
23	有效磷	AP	Float	8	3	M	mg/kg
24	缓效钾	SK	Float	8	3	M	mg/kg
25	速效钾	AK	Float	8	3	M	mg/kg
26	有效铁	AFE	Float	8	3	M	mg/kg
27	有效锰	AMN	Float	8	3	M	mg/kg
28	有效铜	ACU	Float	8	3	M	mg/kg
29	有效锌	AZN	Float	8	3	M	mg/kg
30	有效硼	AB	Float	8	3	M	mg/kg
31	有效钼	AMO	Float	8	3	M	mg/kg
32	有效硫	AS1	Float	8	3	C	mg/kg
33	有效硅	ASI	Float	8	3	C	mg/kg
34	检测实验室代码	JCSYSDM	Char	8		M	
35	接样日期	JYRQ	Date	8		M	
36	报告日期	BGRQ	Date	8		M	
37	联系人	LXR	Char	20		M	
38	电话	DH	Char	20		M	

（3）土壤表层样环境性状属性结构。土壤表层样环境性状属性

结构描述见表 3-32。

表 3-32　土壤表层样环境性状属性结构描述（表名：TRBCYHJXZ）

序号	字段名称	字段代码	字段类型	字段长度	小数位数	约束条件	备注
1	样品编号	YPBH	Char	18		M	
2	总铬	CR	Float	8	3	M	mg/kg
3	总镉	CD	Float	8	3	M	mg/kg
4	总铅	PB	Float	8	3	M	mg/kg
5	总砷	AS2	Float	8	3	M	mg/kg
6	总汞	HG	Float	8	3	M	mg/kg
7	总镍	NI	Float	8	3	M	mg/kg
8	检测实验室代码	JCSYSDM	Char	8		M	
9	接样日期	JYRQ	Date	8		M	
10	报告日期	BGRQ	Date	8		M	
11	联系人	LXR	Char	50		M	
12	电话	DH	Char	20		M	

（4）土壤表层样生物性状属性结构。土壤表层样生物性状属性结构描述见表 3-33。

表 3-33　土壤表层样生物性状属性结构描述（表名：TRBCYSWXZ）

序号	字段名称	字段代码	字段类型	字段长度	小数位数	约束条件	备注
1	样品编号	YPBH	Char	18		M	
2	微生物生物量碳	WSWSWLT	Float	8	3	M	
3	微生物绝对丰度	WSWJDFD	Char	20		M	
4	呼吸强度	HXQD	Float	8	3	M	mg/(kg·d)
5	典型碳转化酶活性	DXTZHMHX	Char	60		O	
6	典型氮转化酶活性	DXDZHMHX	Char	60		O	
7	典型磷转化酶活性	DXLZHMHX	Char	60		O	

（续）

序号	字段名称	字段代码	字段类型	字段长度	小数位数	约束条件	备注
8	微生物群落组成	WSWQLZC	Char	40		O	可多选
9	微生物群落多样性	WSWQLDYX	Char	60		O	
10	微生物功能多样性	WSWGNDYX	Char	60		O	
11	线虫密度	XCMD	Float	8	3	O	
12	线虫组成	XCZC	Char	40		O	可多选
13	线虫多样性	XCDYX	Char	60		O	
14	蚯蚓生物量	QYSWL	Char	60		O	
15	蚯蚓组成	QYZC	Char	40		O	可多选
16	蚯蚓多样性	QYDYX	Char	60		O	
17	检测实验室代码	JCSYSDM	Char	8		M	
18	检测人员	JCRY	Char	20		M	
19	检测日期	JCRQ	Date	8		M	

（5）土壤剖面样检测结果属性结构。 土壤剖面样检测结果属性结构描述见表 3-34。

表 3-34　土壤剖面样检测结果属性结构描述（表名：TRPMYJCJG）

序号	字段名称	字段代码	字段类型	字段长度	小数位数	约束条件	备注
1	样品编号	YPBH	Char	18		M	
2	采样深度	CYSD	Char	20		M	cm
3	层次	CC	Char	10		M	
4	机械组成1	JXZC1	Float	6	2	M	%
5	机械组成2	JXZC2	Float	6	2	M	%
6	机械组成3	JXZC3	Float	6	2	M	%
7	机械组成4	JXZC4	Float	6	2	M	%
8	质地	ZD	Char	2		M	
9	容重	RZ	Float	5	1	M	g/cm³

（续）

序号	字段名称	字段代码	字段类型	字段长度	小数位数	约束条件	备注
10	孔隙度	KXD	Float	5	2	M	%
11	pH	PH	Float	8	3	M	
12	可交换酸度	EPH	Float	8	3	O	
13	阳离子交换量	CEC	Float	8	3	M	cmol（+）/kg
14	交换性盐基总量	JHXYJZL	Float	8	3	M	cmol（+）/kg
15	交换性钙	ECA	Float	8	3	M	cmol（+）/kg
16	交换性镁	EMG	Float	8	3	M	cmol（+）/kg
17	交换性钠	ENA	Float	8	3	M	cmol（+）/kg
18	水溶性盐总量	SRXYZL	Float	8	3	M	g/kg
19	电导率	DDL	Float	8	3	M	mS/cm
20	水溶性钠离子	SRXNLZ	Float	8	3	M	cmol/kg（$1/2Na^+$）
21	水溶性钾离子	SRXJLZ	Float	8	3	M	cmol/kg（K^+）
22	水溶性钙离子	SRXGLZ	Float	8	3	M	cmol/kg（$1/2Ca^{2+}$）
23	水溶性镁离子	SRXMLZ	Float	8	3	M	cmol/kg（$1/2Mg^{2+}$）
24	水溶性碳酸根	SRXTSG	Float	8	3	M	cmol/kg（$1/2CO_3^{2-}$）
25	水溶性碳酸氢根	SRXTSQG	Float	8	3	M	cmol/kg（HCO_3^-）
26	水溶性硫酸根	SRXLSG	Float	8	3	M	cmol/kg（$1/2SO_4^{2-}$）
27	水溶性氯根	SRXLG	Float	8	3	M	cmol/kg（Cl^-）
28	有机质	OM	Float	8	3	M	g/kg
29	全氮	TN	Float	8	3	M	g/kg
30	全磷	TP	Float	8	3	M	g/kg
31	全钾	TK	Float	8	3	M	g/kg
32	全硫	TS	Float	8	3	M	g/kg
33	全硼	TB	Float	8	3	M	mg/kg
34	全硒	TSE	Float	8	3	M	mg/kg
35	全铁	TFE	Float	8	3	M	mg/kg

（续）

序号	字段名称	字段代码	字段类型	字段长度	小数位数	约束条件	备注
36	全锰	TMN	Float	8	3	M	mg/kg
37	全铜	TCU	Float	8	3	M	mg/kg
38	全锌	TZN	Float	8	3	M	mg/kg
39	全钼	TMO	Float	8	3	M	mg/kg
40	全铝	TAL	Float	8	3	M	mg/kg
41	全硅	TSI	Float	8	3	M	mg/kg
42	全钙	TCA	Float	8	3	M	mg/kg
43	全镁	TMG	Float	8	3	M	mg/kg
44	有效磷	AP	Float	8	3	C	mg/kg
45	缓效钾	SK	Float	8	3	C	mg/kg
46	速效钾	AK	Float	8	3	C	mg/kg
47	有效硫	AS1	Float	8	3	C	mg/kg
48	有效硅	ASI	Float	8	3	C	mg/kg
49	有效铁	AFE	Float	8	3	C	mg/kg
50	有效锰	AMN	Float	8	3	C	mg/kg
51	有效铜	ACU	Float	8	3	C	mg/kg
52	有效锌	AZN	Float	8	3	C	mg/kg
53	有效硼	AB	Float	8	3	C	mg/kg
54	有效钼	AMO	Float	8	3	C	mg/kg
55	碳酸钙	CACO3	Float	8	3	C	mg/kg
56	游离铁	FE2O3	Float	8	3	C	mg/kg
57	总铬	CR	Float	8	3	M	mg/kg
58	总镉	CD	Float	8	3	M	mg/kg
59	总铅	PB	Float	8	3	M	mg/kg
60	总砷	AS2	Float	8	3	M	mg/kg
61	总汞	HG	Float	8	3	M	mg/kg

（续）

序号	字段名称	字段代码	字段类型	字段长度	小数位数	约束条件	备注
62	总镍	NI	Float	8	3	M	mg/kg
63	田间持水量	TJCSL	Float	4	2	O	％
64	萎蔫系数	WNXS	Float	4	2	O	％
65	矿物组成	KWZC	Char	200		O	
66	检测实验室代码	JCSYSDM	Char	8		M	
67	接样日期	JYRQ	Date	8		M	
68	报告日期	BGRQ	Date	8		M	
69	联系人	LXR	Char	20		O	
70	电话	DH	Char	20		M	

4. 样品流转

（1）样品装运属性结构。样品装运属性结构描述见表 3-35，样品装运样品清单属性结构描述见表 3-36。

表 3-35 样品装运属性结构描述（表名：YPZY）

序号	字段名称	字段代码	字段类型	字段长度	约束条件
1	样品箱号	YPXH	Char	19	M
2	样品数量	YPSL	Int	8	M
3	流转环节	LZHJ	Char	1	M
4	送达单位	SDDW	Char	100	M
5	送达期限	SDQX	Date	8	M
6	交运单位	JYDW	Char	100	M
7	交运人	JYR	Char	20	M
8	联系方式	LXFS	Char	11	M
9	交运日期	JYRQ	Date	8	M
10	承运单位	CYDW	Char	100	M
11	运输负责人	YSFZR	Char	20	O
12	运输车（船）号牌	YSCCHP	Char	20	O

表 3 - 36　样品装运样品清单属性结构描述（表名：YPZYYPQD）

序号	字段名称	字段代码	字段类型	字段长度	约束条件
1	序号	XH	Int	4	M
2	样品编号	YPBH	Char	18	M
3	样品箱号	YPXH	Char	32	M
4	保存方式	BCFS	Char	1	M
5	有无措施防止沾污	YWCSFZZW	Char	1	M
6	有无措施防止破损	YWCSFZPS	Char	1	M

注：保存方式字段取值为"1＝常温、2＝低温、3＝避光"中的一项。有无措施防止沾污和有无措施防止破损字段均取值为"1＝有、0＝无"中的一项。另外，河北省土壤数据库规范中其他涉及"有、无"选项的也适用此取值。

（2）样品接收属性结构。 样品接收属性结构描述见表 3 - 37，样品接收样品清单属性结构描述见表 3 - 38。

表 3 - 37　样品接收属性结构描述（表名：YPJS）

序号	字段名称	字段代码	字段类型	字段长度	约束条件
1	样品箱号	YPXH	Char	32	M
2	流转环节	LZHJ	Char	1	M
3	送样单位	SYDW1	Char	100	M
4	送样人	SYR1	Char	20	M
5	送样日期	SYRQ1	Date	8	M
6	送样联系方式	SYLXFS1	Char	11	M
7	收样单位	SYDW2	Char	100	M
8	收样人	SYR2	Char	20	M
9	收样联系方式	SYRQ2	Date	8	M
10	收样日期	SYLXFS2	Char	11	M

表 3 - 38　样品接收样品清单属性结构描述（表名：YPJSYPQD）

序号	字段名称	字段代码	字段类型	字段长度	约束条件
1	序号	XH	Int	4	M
2	样品编号	YPBH	Char	18	M
3	样品箱号	YPXH	Char	32	M
4	样品重量是否符合要求	YPZLSFFHYQ	Char	1	M
5	样品包装容器是否完好	YPBZRQSFWH	Char	1	M
6	样品标签是否完好整洁	YPBQSFWHZJ	Char	1	M
7	保存方法是否符合要求	BCFFSFFHYQ	Char	1	M

5. 质量控制　质控样品属性结构描述见表 3 - 39。

表 3 - 39　质控样品属性结构描述（表名：ZKYP）

序号	字段名称	字段代码	字段类型	字段长度	小数位数	约束条件
1	质控样编号	ZKYBH	Char	17		M
2	省份	SF	Char	2		M
3	质控实验室代码	ZKSYSDM	Char	20		M
4	质控样研制单位	ZKYYZDW	Char	200		M
5	有效期	YXQ	Char	100		M
6	pH	PH	Float	8	3	O
7	可交换酸度	EPH	Float	8	3	O
8	阳离子交换量	CEC	Float	8	3	O
9	交换性钙	ECA	Float	8	3	O
10	交换性镁	EMG	Float	8	3	O
11	交换性钠	ENA	Float	8	3	O
12	盐基总量	YJZL	Float	8	3	O
13	水溶性盐总量	SRXYZL	Float	8	3	O
14	电导率	DDL	Float	8	3	O
15	水溶性钠离子	SRXNLZ	Float	8	3	O

（续）

序号	字段名称	字段代码	字段类型	字段长度	小数位数	约束条件
16	水溶性钾离子	SRXJLZ	Float	8	3	O
17	水溶性钙离子	SRXGLZ	Float	8	3	O
18	水溶性镁离子	SRXMLZ	Float	8	3	O
19	水溶性碳酸根	SRXTSG	Float	8	3	O
20	水溶性碳酸氢根	SRXTSQG	Float	8	3	O
21	水溶性硫酸根	SRXLSG	Float	8	3	O
22	水溶性氯根	SRXLG	Float	8	3	O
23	有机质	OM	Float	8	3	O
24	全氮	TN	Float	8	3	O
25	全磷	TP	Float	8	3	O
26	全钾	TK	Float	8	3	O
27	全硫	TS	Float	8	3	O
28	全硼	TB	Float	8	3	O
29	全硒	TSE	Float	8	3	O
30	全铁	TFE	Float	8	3	O
31	全锰	TMN	Float	8	3	O
32	全铜	TCU	Float	8	3	O
33	全锌	TZN	Float	8	3	O
34	全钼	TMO	Float	8	3	O
35	全铝	TAL	Float	8	3	O
36	全硅	TSI	Float	8	3	O
37	全钙	TCA	Float	8	3	O
38	全镁	TMG	Float	8	3	O
39	有效磷	AP	Float	8	3	O
40	速效钾	AK	Float	8	3	O
41	缓效钾	SK	Float	8	3	O
42	有效硫	AS1	Float	8	3	O

（续）

序号	字段名称	字段代码	字段类型	字段长度	小数位数	约束条件
43	有效硅	ASI	Float	8	3	O
44	有效铁	AFE	Float	8	3	O
45	有效锰	AMN	Float	8	3	O
46	有效铜	ACU	Float	8	3	O
47	有效锌	AZN	Float	8	3	O
48	有效硼	AB	Float	8	3	O
49	有效钼	AMO	Float	8	3	O
50	碳酸钙	CACO3	Float	8	3	O
51	游离铁	FE2O3	Float	8	3	O
52	总汞	HG	Float	8	3	O
53	总砷	AS2	Float	8	3	O
54	总铅	PB	Float	8	3	O
55	总镉	CD	Float	8	3	O
56	总铬	CR	Float	8	3	O
57	总镍	NI	Float	8	3	O

注：质控样编号编码规则为 8 位质控实验室代码＋YP＋2 位批号＋5 位顺序号。

6. 样品库 样品库属性结构描述见表 3－40。

表 3－40 样品库属性结构描述（表名：YPK）

序号	字段名称	字段代码	字段类型	字段长度	约束条件
1	样品编号	YPBH	Char	18	M
2	样点编号	YDBH	Char	16	M
3	坐落位置	ZLWZ	Char	100	M
4	土地利用类型	TDLYLX	Char	4	M
5	土壤类型编码	TRLXBM	Char	12	M
6	土类	TL	Char	30	M
7	亚类	YL	Char	30	M

（续）

序号	字段名称	字段代码	字段类型	字段长度	约束条件
8	土属	TS	Char	30	O
9	土种	TZ	Char	30	O
10	剖面深度	PMSD	Char	20	C
11	标本类型	BBLX	Char	2	C
12	入库日期	RKRQ	Date	8	M
13	入库人	RKR	Char	20	M
14	存放地点	CFDD	Char	100	M
15	存放架	CFJ	Char	20	M
16	存放柜	CFG	Char	20	M
17	存放层	CFC	Char	20	M
18	存放行	CFH	Char	20	M
19	存放列	CFL	Char	20	M

注：填各层次深度，中间用"-"隔开，如 0-20-40，单位为 cm。

7. 辅助管理

（1）检测实验室属性结构。检测实验室属性结构描述见表 3-41。

表 3-41　检测实验室属性结构描述（表名：JCSYS）

序号	字段名称	字段代码	字段类型	字段长度	小数位数	约束条件	备注
1	检测实验室代码	JCSYSDM	Char	8		M	
2	检测实验室名称	JCSYSMC	Char	100		M	
3	耕地质量标准化验室证书编号	GDZLBZHYSZSBH	Char	200		O	
4	单位地址	DWDZ	Char	100		M	
5	质量控制措施	ZLKZCS	Char	100		M	
6	标准物质需求量	BZWZXQL	Float	15	2	M	kg/年
7	参比物质需求量	CBWZXQL	Float	15	2	M	kg/年
8	检测资质	JCZZ	Char	100		M	可多选

（续）

序号	字段名称	字段代码	字段类型	字段长度	小数位数	约束条件	备注
9	基础条件	JCTJ	Char	200		M	
10	检测能力	JCNL	Char	200		M	可多选
11	检测样品类别	JCYPLB	Char	200		O	可多选
12	检测工作范围	JCGZFW	Char	100		M	
13	备注	BZ	Varchar			O	

（2）质量控制实验室属性结构。质量控制实验室属性结构描述见表3-42。

表3-42　质量控制实验室属性结构描述（表名：ZLKZSYS）

序号	字段名称	字段代码	字段类型	字段长度	约束条件
1	质控实验室代码	ZKSYSDM	Char	8	M
2	质控实验室名称	ZKSYSMC	Char	100	M
3	质控工作范围	ZKGZFW	Char	100	M
4	负责人	FZR	Char	20	M
5	联系人	LXR	Char	20	M
6	联系电话	LXDH	Char	16	M
7	地址	DZ	Char	100	M
8	推荐部门	TJBM	Char	200	O

注：质控实验室代码编码规则为2位省级代码＋ZK＋4位顺序号。

（3）人员属性结构。人员属性结构描述见表3-43。

表3-43　人员属性结构描述（表名：RY）

序号	字段名称	字段代码	字段类型	字段长度	约束条件	备注
1	人员代码	RYDM	Char	12	M	
2	人员类型	RYLX	Char	20	M	可多选

（续）

序号	字段名称	字段代码	字段类型	字段长度	约束条件	备注
3	姓名	XM	Char	20	M	
4	单位	DW	Char	100	M	
5	电话	DH	Char	20	M	
6	邮箱	YX	Char	20	M	
7	通信地址	TXDZ	Char	50	M	
8	人员简介	RYJJ	Char	200	M	
9	职称	ZC	Char	2	O	
10	学历	XL	Char	2	O	
11	工作经历	GZJL	Char	2	O	
12	所属机构代码	SSJGDM	Char	8	C	

注：人员代码编码为1位人员类型＋7位顺序号。人员类型为"1＝检测人员、2＝采样人员、3＝质控人员、4＝技术专家、5＝省级管理人员、6＝国家管理人员、9＝其他人员"中的一项或多项。职称为"4＝正高级、3＝副高级、2＝中级、1＝初级、9＝其他"中的一项。学历为"4＝硕士及以上、3＝本科、2＝大专、1＝中专、9＝其他"中的一项。工作经历为"4＝5年以上、3＝3～5年、2＝1～3年、1＝少于1年"中的一项。

三、土壤数据库数据交换内容与格式

数据交换内容与格式依据《地理空间数据交换格式》（GB/T 17798—2007）。数据交换时以县级行政区为交换单元，数据文件采用目录方式存储，一个交换单元一个目录。根目录的命名方式为6位县级区划代码＋县级行政区名称。数据交换单元的文件夹结构如图3-8所示。

（一）空间信息数据

空间信息数据包括矢量数据和栅格数据。

1. **矢量数据**　矢量数据采用标准 Shapefile 格式。同一个县级

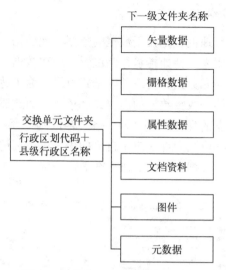

图 3－8　数据交换单元文件夹结构

行政区内的矢量文件拼接后，存放在"矢量数据"目录中。矢量数据文件命名，根据"空间要素属性结构中规定的数据表名＋6 位县级区划代码＋4 位年份代码"的规则产生。所有矢量文件放置在"矢量数据"目录下。

2. **栅格数据**　栅格数据采用标准 GeoTIFF 格式，其中数字高程模型采用 IMG 和 GRID 格式。以县级行政区为基础，栅格数据文件的命名规则为 6 位县级行政区代码＋4 位年份代码。栅格数据文件存放在"栅格数据"目录中。

（二）非空间信息数据

非空间信息数据包括表格数据、文档资料和图件。表格数据采用 MDB 格式保存，存放到"属性数据"目录中，文件命名采用 10 位数字型代码，即 6 位县级行政区代码＋4 位年份代码。文档资料存放到"文档资料"目录中。相关图件放在"图件"文件夹中。

（三）元数据

元数据简单地说就是关于数据的数据。元数据主要是描述数据属性的信息，用来支持如指示存储位置、历史数据、资源查找、文件记录等功能。元数据算是一种电子式目录，为了达到编制目录的目的，必须描述并收藏数据的内容或特色，进而达成协助数据检索的目的。元数据的保存采用 XML 格式存放到"元数据"目录中，这种格式的保存可以允许用户用自己的语言进行标记，对快速检索有重要意义。元数据的具体操作见图 3-9。

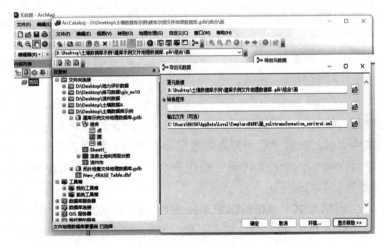

图 3-9　元数据导出

第四章
河北省土壤数据库的构建和示例

河北省土壤数据库的构建主要包括三部分，即土壤空间数据库的构建、土壤非空间数据库的构建、元数据库的构建。其中，空间数据库构建是一项非常繁重的基础性工作，通常占整个工程75％以上的工作量。基础地理信息的采集和数据库建设方面的进步为土壤空间数据库的建设提供了丰富的基础数据，逐渐建成了一批全国性或地区性的土壤专题信息数据库。然而，在长期建设过程中，各地区、各部门信息资源基础的差异及技术标准的不统一，使土壤空间数据库的建设没有统一的规划和标准，数据库质量差异较大。为此，本章针对土壤数据库的特点，结合第三次土壤普查数据库规范，参考当前数据库建设的最新发展趋势，建立标准化、规范化的土壤空间数据库、非空间数据库和元数据库，并介绍河北省土壤空间数据库构建中的数据库设计、数据获取、数据质量及其控制，以及土壤数据库的建设等基本技术环节。

一、土壤数据库设计

数据库设计是指对于特定的应用环境，构造一定的数据库模式，使之能够高效地存储与管理数据，满足各种用户的应用需求、信息需求及处理要求。只有设计合理的数据库结构才能满足用户实际需求，增强数据的安全性，提高数据库管理效率。空间数据库设计是在一个特定应用环境，根据具体应用目的和工程要求，确定一个能被一定空间数据库管理系统所接受的最优数据模型、处理模式、存储结构和存取方法，实现对系统的有效管理，满足用户信息需求和处理要求。

按数据库性质，土壤空间数据库主要包含空间数据库、非空间数据库、元数据库三大类。其中，土壤空间数据库主要包含土壤类型图、土壤质量图、土壤利用适宜性评价图、地形地貌图、道路和水系图等；非空间数据库包括土壤性状、土壤障碍及退化、土壤利用等指标。土壤空间数据库作为土壤数据库的核心技术平台，在建设过程中，如何对其进行功能定位和内容定位是设计者必须回答的两个基本问题。从功能上看，土壤空间数据库的服务对象主要是农业管理及相关科研院所的各个部门，因此，实现土壤空间数据共享是一个基本要求。共享按层次不同又可分为数据交换、数据在线访问和互操作等几个级别。从内容上看，土壤空间数据库的管理以土壤专题数据库为主，需要根据区域条件差异，特别是土壤空间数据情况，合理设计数据库。根据土壤空间数据分级管理和应用目标要求，可以把土壤空间数据库按县级、地市级和省级三个层次进行建设。

省级土壤空间数据库主要针对省级的土壤图及相关空间数据，满足大范围宏观调控和管理要求。基础地理信息按所对应的国家比例尺地形图要求进行采集，数字高程模型格网尺寸一般不大于100 m。

地市级土壤空间数据库主要针对地市的土壤图及相关空间数据，一般以（1∶10 万）～（1∶25 万）比例尺的土壤图为主要基础资料。基础地理信息采集参考国家 1∶25 万地形图要求，数字高程模型格网尺寸一般不大于 50 m。

县级土壤空间数据库主要针对县（区）的土壤图及相关空间数据，土壤图比例尺一般不得小于 1∶5 万。基础地理信息采集参考国家 1∶5 万地形图要求，数字高程模型格网尺寸一般不大于30 m。县级（大比例尺）土壤空间数据库应满足乡镇农业技术服务需要，基础数据条件好的地方可以详细到地块。

（一）土壤数据库设计原则

土壤数据库设计质量的好坏，不仅影响数据库建设的速度和成本，而且影响数据库的应用、维护管理和数据更新。数据库的内容和结构决定了土壤信息系统的功能和质量。设计并实现一个内容丰富、结构合理的土壤数据库，是土壤信息系统建设成功的关键。为了使数据库建成以后能够持续稳定地运行和发挥作用，土壤数据库的设计应遵循以下原则。

1. **实用性原则**　以实用性为指导思想和出发点，以满足当前工作需要为前提，不能为了建设数据库而建设。针对不同用户的需求，做好土壤数据库的需求分析，确保数据库的实用性。

2. **可扩展性原则**　土壤数据库的建设不是一个静止的一次性过程，土壤数据的持续性更新和增加是数据库设计人员必须考虑的一个问题。在土壤数据库结构和功能设计方面，要着眼于长远发展，充分考虑未来土壤信息系统的发展趋势，预留各种接口，以满足项目建设的连续性和长远发展，不至于以后因为情况的变化使整个数据库设计推倒重来或者已建成的数据库系统不能正常使用。

3. **规范化和标准化原则**　信息的规范化和标准化是数据库建设成功的基本保证，必须确保统一的数据分类和编码。土壤数据涉及面广，内容复杂，既有可量化的信息，又有大量无法量化的信息。在数据库设计时，要充分考虑土壤数据的特点，使其既能满足信息搜集与整理的需要，又能满足计算机录入与输出的要求。

4. **安全性和可靠性原则**　数据库的安全性是指数据库对数据的保护能力；可靠性体现在数据库的故障率小，运行可靠，出了故障可以快速恢复。数据库设计时必须充分考虑各种数据和资料的保密与安全，防止数据的泄露、非法篡改和破坏。

5. **通用性和开放性原则**　土壤数据库应采用符合标准的数据模型和数据格式，选择通用的数据库管理平台，使更多的应用系统或相关数据库能够集成和使用数据库的数据，并能够实现与其他数据格式的快速转换，以利于数据共享和系统集成。

6. 独立性原则 保证数据独立性，做到数据存储结构与逻辑结构的变化尽量不影响应用程序和用户。

（二）土壤数据库设计内容

土壤空间数据多采用关系数据库或对象-关系数据库来存储。土壤非空间数据库专门用于存储土壤的各种非空间属性信息，如土壤质地、酸碱度、养分含量等。这些数据对于了解土壤的基本特性、评估土壤肥力及指导农业生产等方面起关键作用。它与土壤空间数据库相互补充，共同为土壤相关研究和应用提供全面的数据支持。元数据库则是用来存储关于数据的数据，即描述数据的来源、数据的定义、数据的质量、数据的更新时间等信息。对于土壤数据库而言，元数据库能帮助使用者快速准确地理解和使用土壤数据，明确数据的可靠性和适用性等。元数据库由矢量数据元数据、属性数据元数据等组成。土壤数据库的内容主要包括以下4个方面。

1. **空间数据** 矢量数据，包括境界与管辖区域、基础地理要素、样点分布图、土壤类型图等；栅格数据，包括数字正射影像图、数字栅格地图、数字高程模型、其他栅格数据等。

2. **属性数据** 调查采样、样品制备、检测分析、样品流转、质量控制、其他管理等。

3. **元数据** XML格式，包括数据标识、空间参照系统、数据内容、数据质量等。

4. **数据字典** 对数据库表达中某些数据项做出详细定义和说明。

二、土壤数据获取

土壤数据获取包括数据收集、采集和数据处理。土壤数据库构建就是围绕土壤数据的收集、采集、处理和存储而展开的工作。土壤数据来源、采集手段、生产工艺、数据质量都直接影响建库成本、质量及建库后数据库应用的性能、效率。其中，原位观测数据获取主要是通过对采样点土壤测试化验获取化学指标数据（pH、有机质含量、大中微量元素含量等），以及通过对各发生层观察记录、拍照等方式获得文字型和图片型数据属性参数。土壤数据主要来源于三普工作平台，该平台涵盖了原位观测数据、样点布设与调查数据及样品检测分析、质量控制等核心数据的采集和传输；同时，各级自然资源、农业农村等部门提供了境界与管辖区、土地利用类型等底图数据。

三、土壤数据库数据质量检查

（一）检查方法

数据库质量检查方法包括计算机自动检查和人工交互检查。计算机自动检查是按照空间数据质量检查规则，由专用软件进行自动检查，并记录数据错误，形成错误报告。人机交互检查是质检人员按照质检规则，复核质检结果，形成人工复核报告。

（二）质量检查内容

1. **成果完整性检查**　主要检查数据库成果、数字正射影像图、图片视频、扫描资料、其他资料及成果目录是否满足命名要求；成果数据是否能够正常打开；必选图层是否齐全，基础地理、土壤、样点等要素是否完整。

2. **图形数据检查**

（1）**空间参考系检查**。检查空间数据的坐标系统、高程基准、投影参数是否符合要求，具体操作见图 4 - 1。

（2）**图形规范性检查**。检查数据中是否存在命名与类型不符的图层；检查相邻图幅自然接边、逻辑无缝，同时其属性和拓扑关系是否保持一致。具体操作见图 4 - 2。

（3）**图形精度检查**。检查图形采集精度是否满足要求，图内各要素与数字正射影像图是否吻合，无图形错误和遗漏；检查矢量数据节点疏密程度是否符合要求；检查公共边采集是否满足要求。

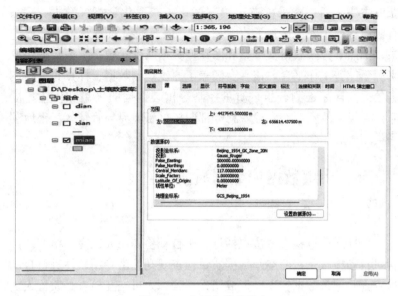

图 4-1　空间参考系检查

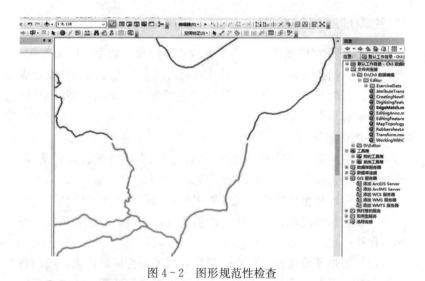

图 4-2　图形规范性检查

（4）拓扑检查。检查同一图层内是否存在面与面重叠，包括完

全重叠与部分重叠（即面相交）；检查同一面层内不同面要素之间是
否存在缝隙；同一图层内不同要素间线要素是否有重叠或与自身重
叠；检查同一图层内线要素是否有自身相交；检查同一图层内线要
素是否存在悬挂线；检查数据中是否存在伪节点；检查数据中的碎
片多边形；检查核心图层中是否存在组合要素。具体操作见图 4-3。

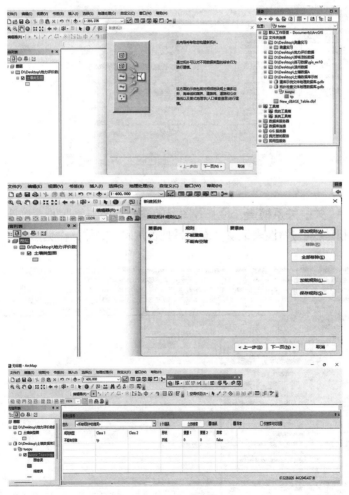

图 4-3 拓扑检查

3. 属性规范性检查 检查数据属性结构定义是否正确，即检查多余或缺失字段、字段名称、字段类型、字段长度、值域、小数位数等；按照数据库规范要求，检查字段值的正确性。具体操作见图 4 - 4。

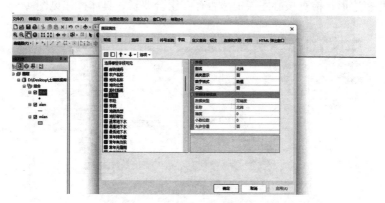

图 4 - 4　属性规范性检查

4. 关联关系检查 检查各图层间空间范围与属性的一致性；检查图形要素与属性表记录对应关系是否正确。具体操作见图 4 - 5。

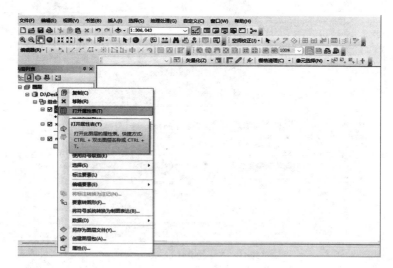

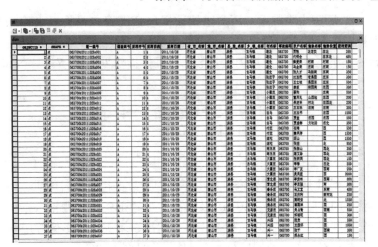

图 4-5 关联关系检查

四、河北省土壤数据库建立示例

(一) 土壤数据库的要求

矢量数据以 GDB 格式存储,栅格数据以 GeoTIFF 格式存储,具体参考《第三次全国土壤普查数据库规范》(修订版) 要求。

(二) 土壤数据库的建立

1. **基础地理数据** 基础地理数据包括行政区、居民点、道路、水系等矢量数据,具体操作见图 4-6。

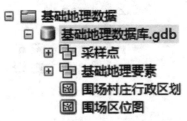

图 4-6 基础地理数据

2. 历史土壤数据 历史土壤数据包括土壤二普县级土种志剖面样点矢量数据、原土壤二普县级土壤图矢量数据、分类校准更新后的土壤二普县级土壤图矢量数据。具体操作见图 4 - 7。

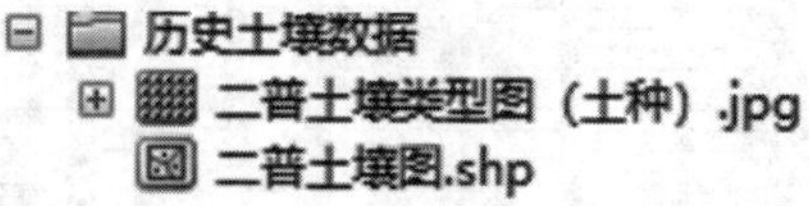

图 4 - 7　历史土壤数据

3. 成土环境因素数据 成土环境因素数据包括母岩母质、地形地貌（DEM，分辨率≥30 m）及其派生的地形指数等栅格数据，以及土地利用、土地整理、植被、水文状况、多源遥感影像等用于土壤制图更新的矢量或栅格数据。具体操作见图 4 - 8。

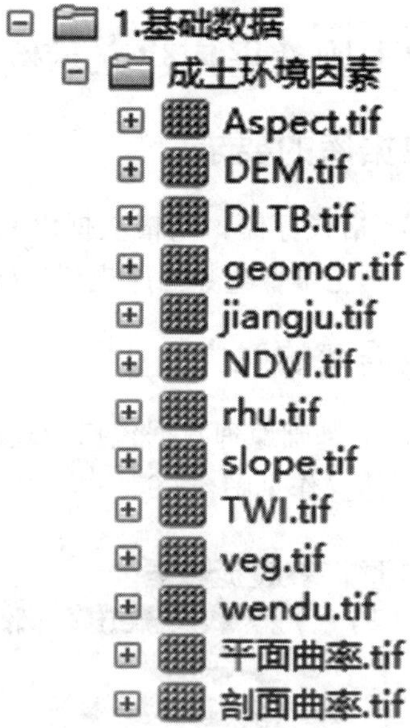

图 4 - 8　成土环境因素数据

4. 关键过程数据 关键过程数据包括二普土壤图室内校核前后图斑、重新定义坐标的二普土壤剖面样点的土壤类型野外校核结果、土壤类型改变区各类地块提取结果。具体操作见图 4 - 9。

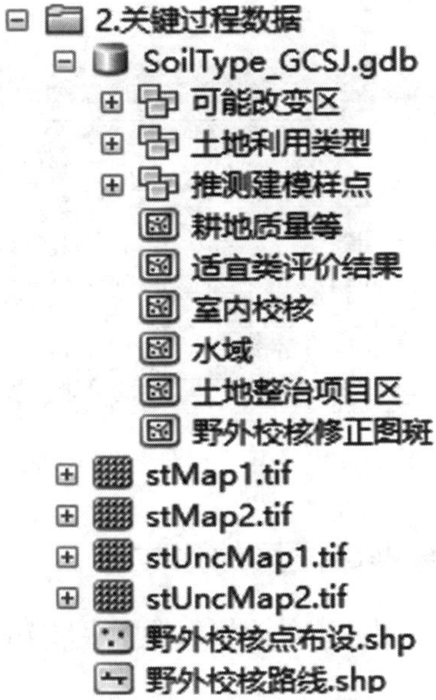

图 4 - 9 关键过程数据

5. **土壤图野外校核成果** 土壤图野外校核成果包括土壤图野外校核路线矢量、土壤类型改变区土壤类型转换规则、土壤图室内校核有疑图斑的校核结果、土壤图野外校核检查点坐标和土壤类型数据、野外路线校核工作照片等。

6. **土壤类型成果图**

(1) **矢量土壤类型图**。应包含以下字段：图斑 ID、县名 (XM)、乡镇名 (XZM)、面积 (MJ)、分类校准后原土壤二普土类 (YTL)、分类校准后原土壤二普亚类 (YYL)、分类校准后原土壤二普土属 (YTS)、分类校准后原土壤二普土种 (YTZ)、土壤三普土类 (TL)、土壤三普亚类 (YL)、土壤三普土属 (TS)、土壤三普土种 (TZ)。土壤类型图属性表示意见图 4 - 10。

(2) **最终成果图层 layout 包**。包括行政边界图层、省道、国道

· 73 ·

图层、水系图层、土壤二普县级土种志剖面样点图层、土壤三普剖面点图层。

OBJECTID 12 *	Shape *	ID	XM	MJ	TL	YL	TS	TZ
1	面	1	滦州	53.6785238852358	草甸	典型草	草甸土	黏质草甸土
2	面	2	滦州	317.85149200663	潮土	典型潮	潮壤土	粉壤质石灰性潮土（中壤质）
3	面	3	滦州	350.105056219371	潮土	典型潮	潮壤土	壤质底沙石灰性潮土（轻壤质）
4	面	4	滦州	618.671623422257	潮土	典型潮	潮壤土	壤质石灰性潮土（轻壤质）
5	面	5	滦州	2923.59519016559	潮土	典型潮	潮沙土	沙质石灰性潮土
6	面	6	滦州	900.764513112507	潮土	典型潮	潮沙土	沙质石灰性潮土
7	面	7	滦州	78.1858110142027	潮土	湿潮土	湿潮壤土	粉壤质湿潮土（中壤质）
8	面	8	滦州	25.0613404583127	潮土	脱潮土	脱潮沙土	沙质底脱潮土
9	面	9	滦州	26.2524335189802	风沙	草甸风	草甸固定	沙质半固定草甸风沙土
10	面	10	滦州	106.148262796993	风沙	草甸风	草甸固定风	沙质固定草甸风沙土
11	面	11	滦州	268.684641753013	风沙	草甸风	草甸流动风	沙质流动草甸风沙土
12	面	12	滦州	325.83836370126	褐土	潮褐土	麻沙质潮褐	重壤堆垫质中层麻沙质潮褐土（
13	面	13	滦州	9382.37470297351	褐土	潮褐土	泥沙质潮褐	粉壤质泥沙质潮褐土（中壤质）
14	面	14	滦州	146.219145003804	褐土	潮褐土	泥沙质潮褐	壤质底泥沙质潮褐土（轻壤质）
15	面	15	滦州	6531.17628476993	褐土	潮褐土	泥沙质潮褐	壤质泥沙质潮褐土（轻壤质）
16	面	16	滦州	563.015966931366	褐土	潮褐土	泥沙质潮褐	沙壤质杂类泥沙质潮褐土
17	面	17	滦州	26797.0571474058	褐土	潮褐土	泥沙质潮褐	沙壤质泥沙质潮褐土

图4-10 土壤类型图属性表示意

（三）土壤数据库成果的形成

河北省每个市、县形成的土壤数据库成果文件见图4-11。

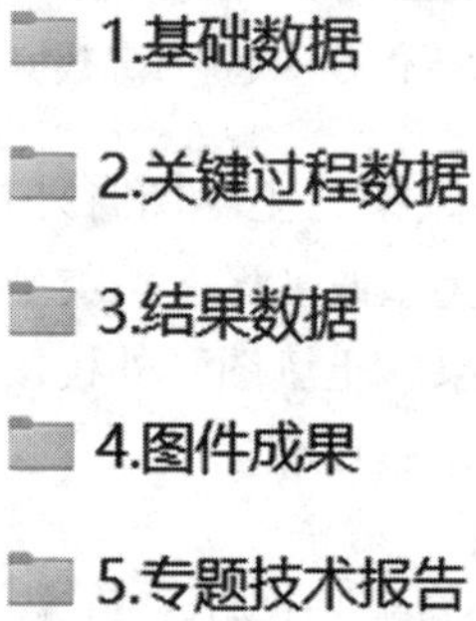

📁 1.基础数据

📁 2.关键过程数据

📁 3.结果数据

📁 4.图件成果

📁 5.专题技术报告

图4-11 数据库成果文件夹

五、土壤数据库安全管理与维护

（一）土壤数据库管理制度

土壤数据库需要建立安全保密机构，制定相应的管理制度。其内容主要包括技术文档管理、数据安全和保密管理制度、数据库用户管理制度、数据库日志管理制度、数据备份制度、对建库承担单位的保密规定及其他制度规定。

1. **技术文档管理**　技术资料及文档应妥善保存，建立严格的借阅手续。机房应备有故障时的替代文本和系统恢复时所需的规定文本。需要从系统中提取资料时，应有严格的手续和制度做保证。对打印的作废资料应统一销毁。

2. **数据安全和保密管理制度**　数据安全和保密管理制度须遵循国家有关资料安全和保密的政策法规，明确安全和保密的措施与要求。

3. **数据库用户管理制度**　明确用户分级原则，严格控制不同用户的访问权限，制定用户管理办法。

4. **数据库日志管理制度**　管理员每天检查数据库的状态，并按照统一的数据库日志登记表进行登记，登记表要妥善保管。数据库系统建立自动日志，定期进行备份。日志登记表包括数据库管理员姓名、登记日期、系统异常、数据量的变化、存储空间的使用情况、访问情况及数据的更新情况等。

5. **数据备份制度**　建立数据备份制度，明确规定数据备份的周期、方法、存储媒体、存放环境等管理制度及要求。

6. **对建库承担单位的保密规定**　在实施数据库构建工程中，承担方应严格遵守以下保密规定：

（1）承担方不得复制、丢失或涂改原始资料。

（2）承担方在数据采集或建库完毕后，在规定时间内归还原始资料。

（3）承担方不得复制、转让或丢失电子数据，待验收后全部移交主管部门。

7. **其他制度规定**　其他制度规定主要包括消防管理制度、监理制度、危险品管理制度、消耗品管理制度、清洁管理制度和各种安全规章制度。

（二）土壤数据库的安全

数据库的安全包括数据库的逻辑安全、数据库安全和保密、数据访问权限控制、数据备份与媒体安全、数据库物理实体的安全。

1. **数据库的逻辑安全**　数据库的逻辑安全包括软件安全和数据字典的安全。软件安全包括：系统软件和应用软件应可靠和稳定，软件安全管理要控制信息的流向和避免系统受到攻击，谨防计算机病毒和黑客的入侵。数据字典的安全包括：数据字典要定期进行备份，数据字典的改变必须经过审批并在另外的计算机上独立试验，不能在数据库上进行试验。

2. **数据库安全和保密**

（1）加密保护。在数据库中加入加密模块对库内数据进行加密；在库外的文件系统内加密，形成存储模块，再进行数据库存储管理。

（2）数据库不能与公共网络连接。

（3）文件和数据不用时应当妥善保管，相关的废弃物应放进粉碎机内粉碎，再进行最终处理。

（4）当存储媒体不用时，在转交给别人使用前，必须将存储在上面的保密数据彻底删除。有保密记录的存储媒体不能送到国外修理；存储媒体有质量问题需要维修时，要确保数据不会丢失和失密。

3. **数据访问权限控制**　检查用户的访问权限，只有检查合格的用户才有权访问数据，执行其自身权限范围内的操作，否则将拒绝执行。在实际操作过程中，可采用用户识别、密钥识别、个人特征标识和用户权限控制等技术措施进行保护，以防止数据被非法存取和复制。

4. **数据备份与媒体安全**　数据备份每天都要进行。数据备份后，一定要及时进行校验，并根据数据重要性的不同，制作多个备份。还要定期检查与维护，防止媒体损坏造成数据丢失。

5. **数据库物理实体的安全**　保证数据库服务器所在机房的环

境安全，包括温度、湿度、通风等条件的控制。同时，要配备消防设备，防止火灾对机房设备造成损坏。对数据库服务器等硬件设备进行保护，及时更换老化或损坏的部件。限制人员对数据库物理实体的访问，只有经过授权的人员才能进入机房接触数据库服务器等设备。同时，要加强机房的安保措施，如安装监控摄像头，防止非法人员进入机房对设备进行破坏或窃取数据。

（三）土壤数据库的维护

1. **软件维护与升级**　系统软件的维护与升级要保证数据的安全性。应用软件根据需要定期进行维护与升级，以保证数据库的可用性和高效性。及时处理软件安装和运行时出现的问题。及时从Internet上下载软件的补丁程序或者升级版本。

2. **硬件维护与升级**　硬件系统的维护与升级要确保系统的兼容性和开放性。硬件系统出现故障时，可用备件来替换，或送到维修公司处理。当发现设备性能不足时，应及时提出解决办法。对于一些外围设备，如打印机、绘图机、扫描仪等，应及时更换、清理和调校。

3. **数据库结构和数据字典的维护**　数据库结构和数据字典应保持相对稳定，并根据应用的变化和软件的升级及时更新。数据字典的升级和修改须保证数据的自动安全迁移。数据库中数据更新后，要及时维护并更新数据物理存储位置和数据库的索引。用户界面要根据需要升级，以满足数据库系统各类用户的需求。

4. **数据维护**　数据库中数据变化后，原来的数据要妥善保存，不仅要保存在历史数据库中，还要进行备份。更新的数据必须经过严格检查验收。数据更新在联网的工作站上进行，不能直接在数据库服务器上进行，在临时数据库验收后才能递交给数据库服务器。数据更新后要及时对数据库的索引进行数据更新和日志更新。

第五章　河北省土壤类型制图规范和示例

▶▶▶

　　土壤分类是土壤科学知识的有机融合、系统组织和科学表达，是土壤科学发展水平的综合体现，是进行土壤调查、土地评价、土地利用规划及交流有关土壤科学和农业生产实践研究成果、地方性土壤生产经营管理经验的依据，也是土壤信息的载体与国内外土壤信息交流的媒介，对于土壤类型制图尤为重要。土壤类型图作为农业生产最必需、最重要的图件，对国家经济建设、国防建设、科研和教学都有重要的参考价值。同时，土壤类型图是编制系列土壤图的基础。本章明确了河北省土壤类型制图的原则、要求和技术方法，着重阐述了河北省土壤类型制图过程和示例，涵盖数据准备、县级土壤类型制图、地市级土壤类型制图、省级土壤类型制图、土壤类型专题图设计表达、验证评价与质量控制等内容。

一、总则

（一）土壤类型制图目的和原则

　　1. 土壤类型制图目的　　土壤类型制图的目的是反映土壤发生、发育、演变及其空间分布规律，表征土壤资源的数量和质量，为我国土壤资源的可持续利用、保护、管理和相关决策提供科学依据。

　　2. 土壤类型制图原则

　　（1）土壤类型制图应遵循科学性原则。一方面，在研究土壤及其与成土环境因素之间发生学关系的基础上确定土壤类型分布，相应获得的土壤类型分布反映这种发生学关系。另一方面，反映土壤科学的发展认识成果。近40年，土壤发生从主要关注自然环境因素到更加强调自然因素和人为活动的共同作用对土壤发育和演变的影响，土壤分类从定性走向定量化，土壤制图也从依赖专家经验和手工勾绘走向定量模型与数字化。

（2）土壤类型制图应遵循实用性原则。一方面，制图比例尺的设置要满足不同层次或尺度的应用，但同时考虑成本效益，不盲目追求过大比例尺；另一方面，制图面向实际的生产、管理和应用，包括农田管理、种植结构调整、农业生态区划和政策制定等。

（二）土壤类型制图的技术方法

传统调查制图技术是土壤制图的基本方法。它依据土壤发生学理论，依赖大量的调查样本和调查者个人经验知识，手工勾绘土壤边界，编制土壤图。美国等国家土壤普查与我国第二次全国土壤普查均采用这种技术，需要人力多、成本高、耗时长。

数字土壤调查制图技术是近20年逐渐兴起的制图方法，仍然依据土壤发生学理论，又称预测性土壤制图，是利用遥感和地理信息系统等现代地理信息技术获取成土环境变量，结合土壤调查采样、数据分析及一定的认知，建立土壤类型及与成土环境之间关系的定量模型，在计算机辅助下进行土壤推测，生成土壤类型分布图。

（三）分类、比例尺及坐标系统

1. **土壤分类系统**　本次普查采用中国土壤发生分类和中国土壤系统分类两套分类系统进行土壤制图。表5-1列出了采用的土壤分类系统和原则上使用的分类级别。对于中国土壤发生分类，开展河北省县级、地市级、省级制图；县级土壤制图，分类级别原则上到土种；地市级和省级土壤制图，分类级别原则上到土属。对于中国土壤系统分类，仅开展河北省省级土壤制图，分类级别原则上到土族。

中国土壤发生分类，依据《第三次全国土壤普查暂行土壤分类系统》。现有国标《中国土壤分类与代码》（GB/T 17296—2009），仅收入了部分土种，存在不完善问题。在普查前期，将组织土壤分类专家对第二次全国土壤普查河北省县级土种进行全面梳理归并和标准化，对同名异土、同土异名等分类问题进行校核修订，得到统一的完备的土壤分类清单，形成《第三次全国土壤普查暂行土壤分类系统》。土壤系统分类依据 2001 年中国科学技术大学出版社出版的《中国土壤系统分类检索》（第 3 版），具体土壤分类系统和类型级别见表 5-1。

表 5-1　土壤分类系统和类型级别

	土壤发生分类	土壤系统分类
县级	（原则上）土种	
地市级	（原则上）土属	
省级	（原则上）土属	（原则上）土族

2. 制图比例尺与空间分辨率　表 5-2 列出了本次普查河北省县级、地市级、省级土壤类型制图采用的制图比例尺和空间分辨率。对于面积大的市域和省域，可据实际情况采用较小的比例尺和较大的空间分辨率。县级土壤制图，原则上要求成图比例尺为 1：5 万，面积超过 4 000 km² 的县可依据面积大小制作（1：10 万）～（1：20 万）土壤类型图。

表 5-2　制图比例尺及空间分辨率

	制图比例尺	空间分辨率（m）
县级土壤图	（原则上）1：5 万	≈30
地市级土壤图	（原则上）1：25 万	≈90
省级土壤图	（原则上）1：50 万	≈250

3. 地理坐标与投影系统　三普统一采用 2000 国家大地坐标系。二普土壤图的坐标系是 1954 北京坐标系，成土环境因素数据大多用的是 WGS-84 坐标系，二者需要转换为 2000 国家大地坐

标系。三普制图最大比例尺是 1∶5 万，对于这个比例尺，WGS–84坐标系与 2000 国家大地坐标系近似等同，可直接把 WGS–84 坐标系信息替换为 2000 国家大地坐标系，不需要做地理坐标系数学转换。1954 北京坐标系的椭球体与 2000 国家大地坐标系有较大差异，需要进行地理坐标系数学转换。可以从省级以上测绘局获取基准点信息，利用基准点，通过仿射变换求解四参数或七参数，进行地理坐标系之间的转换。

县级 1∶5 万、地市级 1∶25 万和省级 1∶50 万土壤图，一般采用等角横切椭圆柱投影，即高斯-克吕格投影，6°分带。

（四）总体思路

按照国家要求，河北省三普土壤类型图编制的总体思路：以二普土壤图为基础，结合本次新的土壤调查资料、二普土壤图校核和数字高程模型、遥感影像等成土环境因素图层数据，开展制图与更新，继承和发展二普成果，形成本次普查的各级土壤类型图。

二普土壤图是宝贵的历史调查成果，代表了 20 世纪 80 年代土壤科学和技术发展的最高水平。对于现阶段社会经济建设对土壤信息的应用需求而言，二普土壤图存在 5 个亟待解决的主要问题：①某些县缺失县级土种图；②40 年来许多区域土壤类型已发生变化，各种自然和人为因素都可能引起土壤类型的变化，如农田治理工程、土地利用方式、气候或区域水分条件等；③二普土壤图某些图斑的土壤类型存在错误；④同土异名、异土同名和分类标准不一致；⑤图斑边界勾绘偏差和接边偏差。

对于缺失土种图的问题，采用数字土壤制图方法解决；对于土壤类型变化和错误的问题，采用二普土壤图校核与数字土壤制图相结合的方法解决；对于分类不一致的问题，通过土壤分类专家对县级土种进行梳理和标准化解决；对于图斑边界勾绘偏差问题，主要用二普土壤图校核方法解决。通过这些途径和方法，实现县级土壤图的制图更新。然后，采用制图综合技术和数字土壤制图技术，再生成地市级、省级土壤图。

二、数据准备

1. **基础地理数据**　基础地理数据包括行政区、居民点、道路、水系等，来源于第三次全国国土调查（简称"国土三调"）数据。

2. **二普土壤图**　按照规定程序拷贝到国家下发的二普 1∶5 万县级土种图、1∶50 万省级土属图。二普土壤图需要做两个重要的预处理：一是坐标系转换，即对 1954 北京坐标系的二普土壤图进行地理坐标系数学转换，统一采用 2000 国家大地坐标系和 1985 国家高程基准；二是土壤分类校准，即依据《第三次全国土壤普查暂行土壤分类系统》和全国土壤分类校准结果，对河北省二普土壤图的土壤类型名称进行分类修正，对土壤类型名称相同的相邻图斑进行归并处理。经过坐标系转换和分类校准，形成工作底图，由全国土壤普查办统一发放河北省剖面调查数据。

3. **三普土壤剖面点**　土壤三普剖面调查数据包括每个剖面样点的坐标位置、成土环境和土壤类型分类信息。土壤类型的鉴定：由河北省土壤普查办组织土壤分类专家，对辖区内各县的调查剖面进行土壤类型鉴定，主要基于野外剖面调查获得的成土环境因素条件描述、剖面性状描述及发生层次的实验室理化分析数据，分别依据土壤发生分类和土壤系统分类的诊断层与诊断特性标准，进行土壤类型的检索判别。表 5-3 列出了每个土壤剖面的调查数据信息。

表 5-3　土壤剖面的调查数据信息

坐标位置	成土环境	土壤类型	
		土壤发生分类	土壤系统分类
经度、纬度、采集地点（省、市、县、乡镇、行政村）等	气候、母岩母质、地形地貌、侵蚀状况、土地利用类型、植被类型、种植制度、施肥管理、农田建设情况等	土纲、亚纲、土类、亚类、土属、土种的类型名称和编号	土纲、亚纲、土类、亚类、土族的类型名称和编号

4. **二普土壤剖面点**　第二次全国土壤普查完成了大量的土壤

剖面调查，在三普中要把二普剖面样点信息挖掘利用好。二普剖面点的土壤类型名称，存在同土异名、同名异土等分类问题，须依据《第三次全国土壤普查暂行土壤分类系统》进行标准化处理。二普时没有使用 GPS 定位，其剖面点原始位置描述通常是行政区划（县、乡、村）和方位距离等粗略位置信息；在二普剖面点整理中，结合环境因素数据如地形地貌、母质和土地利用等，在影像或地图上大致定义点位，生成二普土壤剖面点的地理坐标，存在位置不确定性。因此，要求在土壤图野外校核时，土壤调查专家实地检查每个二普剖面点的土壤类型，经过实地检查的二普剖面点，可用于土壤图的编制。对于可达性较差的山地、丘陵等自然林地与草地的二普土壤剖面点，熟悉区域土壤景观的土壤调查专家可通过专家经验对剖面点土壤类型进行判别，不需要实地检查。

5. **三普土壤表层点/属性图** 表层土壤属性在部分情况下一定程度上可辅助区分某些土壤类型，可以利用与土壤分类相关的表层调查数据。三普土壤表层调查数据包括每个表层样点的坐标位置、土壤有机质含量、砾石体积含量、碳酸钙含量、pH、沙粒含量、粉粒含量、黏粒含量、质地类型、盐分、碱化度等指标数据，推荐直接使用表层土壤属性数字制图成果。在二普土壤图野外校核中，这些表层土壤属性分布图在一定程度上可辅助区分某些土壤类型；在数字土壤制图中，它们可作为环境协同变量。

6. **环境要素数据** 环境变量的选取原则是：基于土壤发生学理论，考虑制图区域的土壤景观特点和成土环境条件，选取与土壤类型形成和演变相关或协同的环境因素变量。成土环境要素数据主要包括气候、母岩母质、地形及成因地貌类型（DEM）、土地利用现状及变更、土地整理与复垦、土壤改良、植被、水文地质、遥感影像等。河北省土壤普查办公室组织开展相关数据资料的协调调度。土壤类型制图专业队伍，开展数据资料的规范化、标准化整理制备。河北省土壤普查办公室组织市县收集水文地质、近四十年土地利用变化类型（如水改旱、旱改水、水改园等）及变化年限、土壤改良、土地平整，以及通过覆土、填埋方式建成的新增耕地的空间分布数据资料。

表5-4列出了环境变量和数据来源。对于土壤发生分类的制图，仅制备县级土壤类型制图更新需要的30 m分辨率的环境变量图层数据，采用GeoTIFF数据格式；在图层制备时，应在空间范围上比实际制图范围（县域行政边界）外扩5个像元的距离（即外扩150 m），防止矢栅转换处理后的土壤类型图与实际制图区矢量边界（县域边界）之间有缝隙。对于土壤系统分类的制图，仅制备省级土壤类型制图更新需要的250 m分辨率的环境变量图层数据，采用GeoTIFF数据格式；在图层制备时，应在空间范围上比实际制图范围（省域行政边界）外扩5个像元的距离（即外扩1 250 m），防止矢栅转换处理后的土壤类型图与实际制图区矢量边界（省域边界）之间有缝隙。

表5-4 环境变量数据

名称	数据描述	来源
气候	近30年的年均气温、年降水量、太阳辐射量、蒸散量、相对湿度、≥10℃积温等，1 km分辨率	WorldClim v2数据；中国气象数据共享网
母质	1：25万地质图，矢量图层	中国地质调查局地质图共享数据库
地貌	地貌单元，包括基本地貌类型、形态和成因类型，矢量图层	1：100万中国地貌图
地形	高程、坡度、坡向、剖面曲率、平面曲率、地形湿度指数、地形部位，≤10 m分辨率	国家基础地理信息中心1：25万、1：5万DEM；SRTM DEM 90 m；ASTER GDEM 30 m；ALOS DEM 12 m
植被	植被类型、归一化植被指数、比值植被指数、增强植被指数，近10年	中国科学院植物研究所1：100万中国植被类型图；MODIS 250 m、TM/ETM/OLI 30 m、Sentinel-2 10 m/20 m的植被指数
地下水	地下水埋深、矿化度，1：25万比例尺，矢量图层	省市地矿部门

（续）

名称	数据描述	来源
土地利用	第二次全国国土调查（2009 年）和第三次全国国土调查地类（2019 年），矢量图层	自然资源部门
土地平整	土地平整的空间分布，矢量图层	自然资源部门
新增耕地	2000 年以后，复垦、填埋等新增耕地，矢量图层	县级自然资源部门
高分影像	最新，栅格图层，≤4 m 分辨率	高分系列遥感数据
时序影像	1980—2020 年，多光谱（可见光、近红外、热红外）波段及衍生指数，栅格图层，10～30 m 分辨率	TM 和 Sentinel 系列等遥感数据
地表动态反馈变量	对于平缓地区，推荐基于时序遥感影像计算的反映土壤水热行为、轮作方式等的环境协同变量	MODIS 和 Sentinel 系列等遥感数据

对于地形平缓地区，除了高分辨率数字高程模型，还应更多地考虑使用母质和地下水及与其相关的因素变量信息，以及详细成因地貌类型图或大比例尺第四纪地质图、遥感影像、与水体距离等环境变量。环境变量数据见表 5－4。

三、县级土壤类型制图

制图之前，制图者应根据县土种志、土壤图、农业生产和农田建设等资料，了解制图区自然地理和耕作历史与现状，理解主要成土过程、成土因素及其与土壤类型分布之间的发生关系，熟悉土种的分类诊断指标。

（一）有土种图的县级土壤类型做法

在有二普县级土种图时，主要针对除县级土壤图缺失外的其他 4 个问题（土壤分类混乱、图斑边界偏差、土壤类型错误和土壤类型发生变化），通过土壤类型与环境因素空间分析、二普土壤图室内校核、土壤类型可能改变区调查、二普土壤图野外校核、数字土壤制图等技术方法，室内与野外工作相结合，实现二普县级土壤图的制图更新，技术框架如图5-1所示。

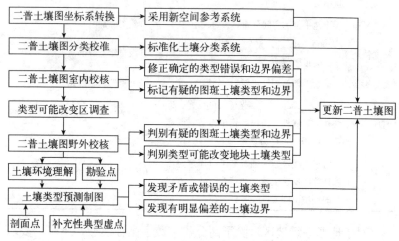

图5-1　有县级土种图时二普土壤图更新的技术框架

根据技术框架，二普土壤图坐标系转换是从空间参考系统上对二普土壤图进行了更新；二普土壤图分类校核是解决了土壤分类的历史遗留问题，从土壤分类系统上对二普土壤图进行了更新。这两个步骤若已完成，制图者接下来需要分别对二普土壤图室内校核、土壤类型可能改变区提取、二普土壤图野外校核、土壤类型预测制图4个步骤进行操作。

1. 二普土壤图室内校核　以全国土壤普查办公室下发的经坐标系转换和分类校准后的二普县级土壤图为基础，室内对二普土壤图中图斑土壤类型错误和图斑边界偏差两个方面进行检查校核。这些错误或偏差主要来源于二普制图所用基础资料粗略、制图人员专业水平差异、二普分类系统未反馈更新、纸质图局部变形等。

校核的原则：只对比较肯定是错误的图斑类型和明显的边界偏

差进行纠正，而对不确定的尚需野外核查的图斑类型和土壤边界可
进行标记。

　　校核的方法：将土壤图斑边界叠加在新的高分影像图（空间分
辨率≤4 m）、国土三调土地利用类型图、数字高程模型（DEM，
空间分辨率≤10 m）、母质图上，由土壤调查专家和GIS操作员配
合，运用土壤类型与成土环境因素的发生学关系原理，进行错误和
偏差的判别及图斑修正。

　　经过室内校核之后，二普土壤图的图斑土壤类型无明显错误，
图斑边界无显著偏差或错位，同时标记了不确定的尚需野外核查的
图斑类型和土壤边界。

　　(1) 图斑类型室内校核。检查图斑土壤类型名称与成土环境因
素（母质、海拔、坡度、地形部位、土地利用等）的一致性，发现
并纠正明显错误的土壤类型名称。土壤类型与母质岩性是否吻合，
例如冲积母质上一般为地带性土壤图斑；有些区域母质岩性是土壤
类型命名的关键因素，空间叠加母质岩性图就很容易检查土壤类型
是否正确。土壤类型与地形是否吻合，例如山地草甸土、棕壤、淋
溶褐土、褐土一般是分布在不同的海拔高度上。对同一土种的所有
图斑，检查成土母质是否一致，景观特征、地形部位、水热条件是
否相近或相似。

　　(2) 图斑边界室内校核。地形地貌、母质、植被、土地利用等
在景观上的明显变异点是确定土壤边界的依据。例如，地形控制着
地表水热条件的再分配，影响土壤形成过程，不同土壤类型界线常
随地形的变化而变化。水田的边界通常就是水稻土与其他土壤类型
的边界，但利用方式之间的边界并不一定是土壤类型边界。列出图
斑边界室内校核的检查清单，室内校核者可对照检查清单逐项检
查，对有偏差的土壤边界进行修正。河北省县域图斑边界校核内容
主要涵盖3个方面：图斑边界在局部地区明显的空间错位；对于地
形起伏较大的山地丘陵区，土壤类型边界线与地形地貌的明显变异
处是否吻合，对于平原区，通过固定的关键地物（二普前形成的道
路、老河道等）进行核对；土壤边界线与母质在景观上的变异是否

吻合。

示例：将二普土壤图、高分影像图、DEM（转化为等值线）、土壤母质图、国土三调图层等数据添加到 GIS 软件中（图 5-2）。

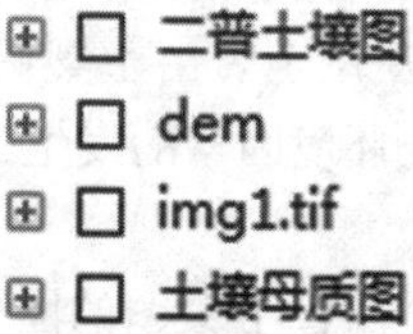

⊞ ☐ **二普土壤图**

⊞ ☐ dem

⊞ ☐ img1.tif

⊞ ☐ **土壤母质图**

图 5-2　数据图层添加到 GIS 软件

将 DEM 数字高程图转化为等值线（图 5-3），即 ArcToolbox 工具箱→Spatial Analyst 工具→表面分析→等值线→导出等值线（等值线间距一般选择 5～10 m，如果不明显，可根据实际需要进行调整）。

图 5-3　制作等值线

对于有明显偏移错位的图斑，在编辑状态下将图斑拖至正确位置；对与地形地貌边界存在明显偏差的图斑，在编辑状态下对图斑进行修边（图 5-4）。面转线/线转面：ArcToolbox 工具箱→数据管理工具→要素→要素转线/要素转面。检查拓扑：在右侧目录某文件夹右击新建个人地理数据库（mdb）→右键 mdb→新建→要素数据集→按照软件指示操作→右键要素数据集→导入→要素类（多个）→导入需检查拓扑图层→右键要素数据集→新建→拓扑→按照软件指示操作（规则选择不要重叠、不要有空隙）→验证拓扑→对检查存在问题的图斑进行处理。

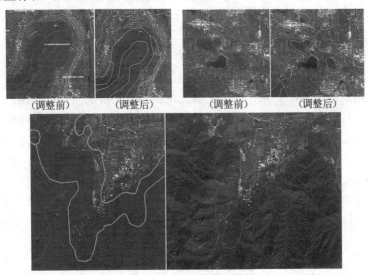

（调整前）　（调整后）　　　（调整前）　（调整后）

图 5-4 偏移错位的图斑修正

2. 土壤类型可能改变区提取 土壤类型发生改变的原因很多，各种自然和人为成土因素的变化都可能引起土壤类型的变化。其中，最主要的原因是土地利用根本性改变，例如旱改水、水改旱、退耕还林还草、林草沼泽等自然利用类型改为旱地或水田等，以及农田建设措施，如土壤改良、矿区复垦、坑塘填埋等。其次是气候变化、地下水位下降或自然的土壤发生过程造成关键诊断指标的根本性改变，如腐殖质积累、脱盐、石灰性等。

以室内校核后的二普土壤图为基础，结合国土三调土地利用类型图，对二普以来成土环境尤其是土地利用状况发生明显变化导致的土壤类型可能改变区域地块（面积 50 亩以上）进行提取，然后在对国家下发的表层或剖面样点的现场校核阶段，通过乡镇和村组支持配合，调查获取各地块的变更年限、种植作物等关键信息，为下一步在二普土壤图野外校核中设计校核路线、判别这些区域的土壤类型是否改变提供基础。

（1）可能引起土壤类型改变的主要情形。根据县域实际，分析县域内可能引起土壤类型改变的主要情形，不同县域通常会有差异。主要有下列情形：水改旱（即水田改为旱地、园地、林地、草地）；旱改水（旱地、林地、草地等改为水田）；覆土、填埋等方式建成的新增耕地；脱盐和次生盐渍化；潜育化土壤因水分条件变化脱潜；沿海滩涂扩张；表土层因土壤侵蚀而变薄或消失；其他。

（2）筛选土壤类型可能改变区域地块。所用数据：经室内校核后的二普土壤图、国土三调土地利用类型图。筛选方法：首先，把国土三调土地利用类型图和二普土壤图进行空间叠加分析，利用GIS软件提取符合要求的地块，再进行人工筛选优化地块边界，形成土壤类型可能变更的地块分布图。筛选操作流程包括地块初筛、地块归并、面积筛选、信息提取等 4 个步骤，通过 GIS 软件实现。图 5-5 显示了水改旱地块的筛选提取流程。

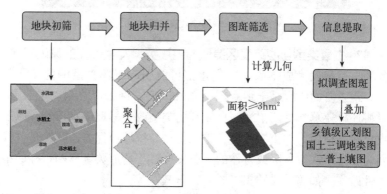

图 5-5　水改旱地块的筛选操作流程

（3）水改旱和旱改水的地块筛选。水改旱的地块，即二普土壤图上土壤类型为水稻土，国土三调土地利用类型图上土地利用方式为旱地、园地、林地、草地的地块。旱改水的地块，即二普土壤图上土壤类型为非水稻土，国土三调土地利用类型图上土地利用方式为水田的地块。当国土三调土地利用图斑与二普土壤图重叠比例超过 50％，按照整图斑提取。将集中连片的相邻图斑做归并处理；

对于边界之间存在沟、渠、路等要素但距离小于 10 m 的图斑，使用 GIS 聚合面功能进行归并，勾绘出符合要求的地块边界。然后，通过人工筛选方式将归并后面积大于 50 亩的地类为旱地、果园、茶园、林地、草地等的图斑提取出来。

示例：提取二普为水稻土的图斑和国土三调为旱地、园地、林地、草地的图斑（图 5 - 6）。

图 5 - 6 水改旱地块的选取

菜单栏选择工具→按属性选择→切换至选择的图层→双击选择土类/DLMC 字段→选择 In→选择（）→选择水稻土/旱地、园地、林地、草地→确定→右键选择图层→导出选择图层（图 5 - 7）。

ArcToolbox 工具箱→分析工具→标识→输入要素选择二普图层，标识要素选择国土三调图层→确定→检查标识后图层是否存在两个图层有图斑重叠比例超过 50%。ArcToolbox 工具箱→制图工具→制图综合→聚合面→导入需聚合面的图层，聚合距离选择

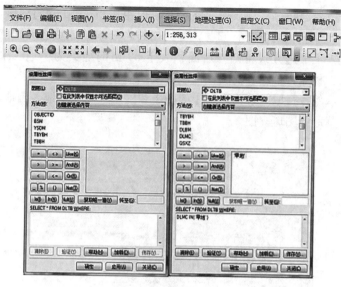

图 5-7　地块的选取

10 m→确定（图 5-8）。

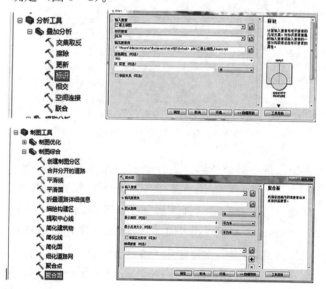

图 5-8　标识和聚合面

通过人工筛选方式对归并后面积大于 50 亩的旱地、果园、林地、草地等地类的图斑提取出来。旱改水同样如此操作即可。

(4) 复垦等新增耕地的地块筛选。根据 2000 年以后新增耕地分布，将集中连片的相邻图斑做归并处理，对边界之间存在沟、渠、路等要素但距离小于 10 m 的图斑，通过 GIS 聚合面功能归并，勾绘出符合要求的地块外边界，再通过人工筛选方式对归并后面积大于 50 亩的地块，作为新增耕地地块。

(5) 脱盐和潜育土壤、沿海滩涂的地块筛选。提取二普土壤图上土壤类型为轻度、中度和重度盐土，国土三调土地利用类型图上土地利用方式为耕地的地块；提取二普土壤图上潜育土壤类型图斑；提取国土三调土地利用类型图上连片面积在 100 亩以上的为沿海滩涂的地块。然后进行地块归并，在归并后分别提取连片面积在 100 亩以上的地块，作为脱盐地块、潜育土壤地块和沿海滩涂地块。河北省石家庄灵寿、平山、承德平泉等地存在潜育草甸土；针对秦皇岛、唐山、沧州沿海等区域，要注意检查滩涂扩张情况。

对上述筛选出的地块进行编号，地块原则上不跨乡镇。将地块分别与行政区划图、土地利用现状图、二普土壤图叠加，提取地块编号、乡镇名称、行政村名称、图斑编号、地类名称、土壤类型、面积等信息，用于对筛选出的地块进行变更年限和种植作物等关键信息调查（图 5-9）。

3. 获取区域地块的关键信息　根据筛选得到的地块分布图，在样点校核阶段，对各类地块图斑的变更年限、种植作物、产量、施肥情况等信息进行现场调查，变更年限分为 5 个时间段，即 1～4 年、5～9 年、10～14 年、15～19 年、20 年及以上。将地块图斑数据转化为 KML 格式数据，导入手持终端遥感地图或奥维地图，现场调查时导航前往图斑所在位置，在乡镇村组农技人员配合下，进行地块变更信息核查与获取。

操作流程：

(1) 面转点。ArcToolbox 工具箱→数据管理工具→要素→要素转点。

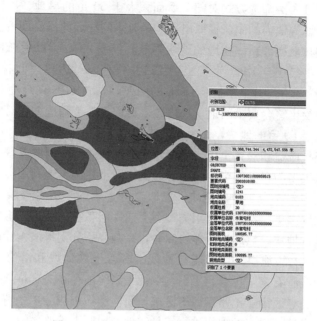

图 5-9 提取地块编号、乡镇名称等信息

（2）导出 KML。ArcToolbox 工具箱→转换工具→转为 KML→图层转 KML，将转换后的点转为 KML 格式文件，传到手机中，通过奥维地图 App 打开即可进行导航等操作，便于野外核查时快速定位。数据转换及可能改变区见图 5-10。

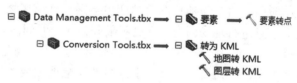

图 5-10 数据转换及可能改变区

4. **二普土壤图野外校核** 二普土壤图野外校核的目的：一是对土壤类型可能改变的地块图斑进行土壤类型的野外判别确定；二是对室内粗校检查中不确定、有疑问的图斑类型和土壤边界进行野

外核查；三是对粗略定位的二普土壤剖面点的土壤类型进行野外确认；四是让制图者能够从县域全局上理解把握土壤类型与成土环境关系，同时通过打土钻或专家经验的方式快速拾取能代表土壤类型变异全局的检查点。

野外校核队伍中要求有土壤调查、土壤制图和县里熟悉土壤情况的专家。

野外校核思路：依托代表性路线，在图斑中心设置检查点，主要对图斑土壤类型进行校核。

具体方法：根据具体县域的土壤景观空间分异特点，设计至少3条代表性路线，依托这些路线开展校核，路线要覆盖土壤类型可能改变的区域，穿过各类可能改变区（如水改旱、旱改水、新增耕地、脱盐区等）的代表性图斑中心、室内校核有疑问的图斑、二普剖面点所在区域。沿路线设置系列检查点（图斑中心），每个土种至少5个检查点。通过打钻或专家经验现场判别土种类型，GPS记录检查点的经纬度坐标、景观部位和土壤利用情况等信息。注意：在标记存疑的图斑打4～5个点，即图斑中心打1个点，图斑四周打3～4个点。要详细查看土壤的分层、质地、石灰性反应、锈纹锈斑等内容（参考剖面样点调查内容）是否与土种性质相同，并在表格上详细记录。

通过野外校核工作，核实了室内粗校中有疑问的图斑土壤类型和图斑边界，完成了对土壤类型发生变化区域的土壤图更新，野外确认了二普土壤剖面点的土壤类型，拾取了代表县域全局土壤类型与成土环境关系的检查点，这些检查点可用于土壤类型建模制图。

5. 土壤类型推测制图

（1）提取土壤类型典型点。在土壤类型没有改变的区域，若剖面调查样点和勘验点数量少、分布局限且建模样点不足，可以从二普土壤图上拾取土壤类型典型点（虚点，非实际调查观测点）作为补充性样本点。生成土壤类型典型点的方法有以下两个。

方法一：熟悉县域土壤景观的调查专家，结合二普土壤图和高分遥感影像等，直接在影像图上标出某土种的典型位置点位，作为该土种的典型点，典型点数量可以多个，保证每个土种至少 5 个样点。

方法二：对二普土壤图上每个土种的所有图斑区域进行关键成土因素变量（如高程、坡度、母质等）的数据频率分布分析，得到每个关键环境协同变量的典型数值区间，映射到地理空间，得到每个环境协同变量的典型区域分布范围图层，空间求交得到该土种的典型环境条件分布区或多个斑块，提取典型环境条件分布区或斑块中心点位置作为该土种的典型点。

（2）**准备环境协同变量。**环境协同变量数据包括母质岩性、地貌类型、高程、坡度、坡向、坡位、平面曲率、剖面曲率、地形湿度指数、遥感光谱、植被指数、轮作方式、近四十年土地利用变化及变化年限、土壤改良、土地平整、复垦等图层数据。对于地形起伏较小的平缓地区，关键是环境变量的使用，应挖掘与土壤类型变异空间协同的环境变量，使用高分辨率（≤10 m）数字高程模型、地貌类型或大比例尺第四纪地质图、遥感影像及衍生变量（波段、指数、地表动态反馈变量）、与水体距离等。

（3）**土壤类型建模制图。**基于土壤样点和成土环境变量数据，建立土壤类型与环境条件的定量模型，进行土壤类型空间推测，识别各土种在县域内的空间分布及土种之间的边界。土壤样点主要包括三普剖面样点、二普土壤剖面点、二普土壤图野外校核检查点、补充性土壤类型典型虚拟点。

土壤类型制图推荐采用随机森林模型。使用 R 软件，建立随机森林模型，确定模型参数，生成栅格格式的县域土种类型空间分布图和不确定性分布图。

采用 3×3 平滑窗口对土种分布栅格图层进行平滑滤波处理，去除那些与周围土壤类型不同、面积微小、无意义的独立像元或多个聚合像元，突出土壤类型变异规律，净化图面。

用 GIS 软件的矢栅转换工具，将平滑之后的栅格图层转为多边形矢量图层，得到土种类型图斑，根据最小上图图斑面积，把小于最小图斑面积的图斑合并到相邻图斑或多个小图斑合并为一个较大图斑。操作流程：ArcToolbox 工具箱→转换工具→转为栅格→面转栅格→导入栅格图层→确定。

再用平滑工具，对多边形图斑边界线进行简化与平滑，同时消除矢量化产生的细碎图斑（与邻近面积大的图斑合并），生成基于土壤推测制图的土种分布图。操作流程：右键菜单栏空白→选择高级编辑工具→将图层开启编辑状态→选择全部图斑→点击平滑工具。

（4）更新二普土壤类型图。通过上述土壤图野外路线校核工作，获得了土壤类型改变区代表性图斑的土壤类型变化情况，经过归纳整理，形成县域内土地利用变更等原因导致土壤类型变化的知识规则，根据这些知识规则对土壤类型改变区进行图斑类型和边界更新。

通过上述土壤类型推测制图，得到土种分布图及其不确定性分布图。依据推测制图精度和不确定性，选出土壤推测制图结果中不确定性较小（即推测较为可信）的图斑，在 GIS 软件中空间叠加在经室内校核的二普土壤图上。若与二普土壤图图斑的土壤类型或边界不一致，结合专家研判，对二普土壤图上相应图斑进行修改和替换，完成土壤类型未改变区的制图更新。

融合土壤类型改变区和土壤类型未改变区的土壤类型图更新结果，生成三普土壤类型图，进行图斑边界平滑处理和拓扑检查修正等使其达到土壤类型图质量控制标准，形成最终的土壤类型图。

操作流程：图斑修改、平滑处理、拓扑检查操作上文已经进行详细说明。

原则上，1∶5 万县级土壤图的最小上图单元控制在图上 0.5 cm²，实地面积 12.5 hm²（187.5 亩），注意具体执行中要考虑区域土壤景观实际灵活处理。例如，河北省西部多为丘陵山地，耕地多呈不连续小片分散分布在河谷地带，最小上图单元面积可以更小。

（二）无土种图的做法

1. **基本思路** 在缺失县级土种图时，采用数字制图技术，建立土种类型与成土环境因素之间的定量关系，识别土种分布边界，生成土种分布图。无土种图的县域，通常有较为粗略的土属图。对于数字制图，土属图可作为一个分区变量，在各区内进行土种空间预测，识别土种边界；亦可将土属图作为一个类型变量，参与建模制图。

可用于制图建模的样点包括：

（1）本县域。本次剖面调查点、土壤类型未变化区域的二普剖面点、土壤类型典型点。

（2）土壤景观相似的邻近县域。本次剖面调查点、勘验点、土壤类型未变化区域的二普剖面点和土壤类型典型点。

2. **技术步骤**

（1）据县土种志、土壤图、农业生产和农田建设资料等，了解制图区自然地理概况和耕作历史与现状，理解主要成土过程及其与土壤类型之间的发生关系，熟悉土种的分类诊断指标和成土环境条件。

（2）准备环境协同变量。环境协同变量包括母质岩性、地貌类型、高程、坡度、坡向、坡位、平面曲率、剖面曲率、地形湿度指数、遥感光谱、植被指数、轮作方式、近四十年土地利用变化及变化年限、土壤改良、土地平整、复垦等图层数据。对于地形起伏较小的平缓地区，关键是环境变量的使用，应挖掘与土壤类型变异空间协同的环境变量，使用高分辨率（≤10 m）数字高程模型、地貌类型或大比例尺第四纪地质图、遥感影像及衍生变量（波段、指数、地表动态反馈变量）、与水体距离等。

（3）准备土壤样点。包括本县域和邻近县域的剖面调查样点、勘验点、土壤类型未变化区域的二普剖面点和土壤类型典型点。

（4）根据土属类型对县域进行分区，对于每个分区，基于样点建立土壤类型与地形、母质、植被、土地利用、遥感光谱等环境变量之间的随机森林模型或相似推测模型；若样点数量较少、不宜分区，则把土属类型分布图作为一个类型变量，直接参与建模。然后把环境变量作为模型输入，生成土种空间分布图（栅格格式）。

(5) 采用 3×3 平滑窗口对土种分布栅格图层进行平滑滤波处理，去除那些与周围土壤类型不同、面积微小、无意义的独立像元或多个聚合像元，突出土壤类型变异规律，净化图面。用 GIS 软件的矢栅转换工具 Raster to Polygon，将平滑之后的栅格图层转为多边形矢量图层，再用平滑工具 Simplify Polygon、Smooth Polygon、Simplify Line 等，对多边形图斑边界线进行简化与平滑，同时消除矢量化产生的细碎图斑（与邻近面积大的图斑合并）。最终生成的土种分布图，最小上图单元控制在图上 0.5 cm²，实地面积 12.5 hm²（187.5 亩）。

四、地市级土壤类型制图

采用制图综合技术，对县级土种分布图进行制图综合，生成地市级土属分布图。

制图综合要遵循以下原则：一是各图斑中的制图单元要正确反映实地的土壤类型和组合土壤类型；二是图斑结构、形状和组合要正确反映土壤分布规律和区域分布特点；三是保持各类土壤面积的对比关系和图形特征。制图综合方法主要包括内容综合、图斑取舍、图斑合并、轮廓简化和成分组合等，使用 GIS 软件工具操作实现。基本技术流程如图 5-11 所示。

主要步骤如下：

（一）接边任务统筹

基于地级市内所有的县域接边处进行任务划分，行政区界线两侧的接边图斑的几何位置应吻合、连续、关系合理。土壤的土种类型及土种边界不以行政界线的改变而发生改变，土种类型县级接边是地市级汇总的前期工作，县级接边工作应站在市域的角度，避免重复性工作。同时，要注重接边成果的实用性，便于后续工作的开展。其中：单一土种图斑对应多个土种图斑；山体阴阳面土种图斑不一致；农业土壤与非农业土壤的衔接等问题要提前考虑到，为地市级汇总的制图综合打下坚实的技术基础。搜集市域地质图、地形地貌图、DEM、NDVI 分布图、TM 图、土地利用现状图等电子图件及其属性库数据库，在室内对县级接边处进行遥感影像解译判读、土壤成土条件与土壤发生规律匹配分析，细致进行室内校核，将土种图斑边界、土种类型名称等进行合理性校核更新。

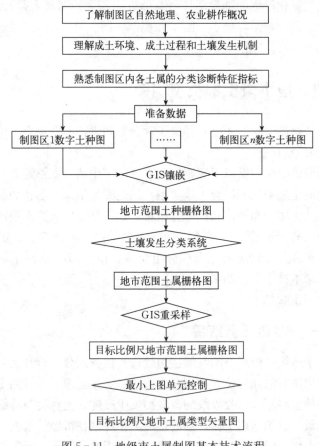

图 5-11 地级市土属制图基本技术流程

（二）县级数据检查处理

对县级数据进行详细核查，明确命名规则与数据库格式，排查是否存在土种不符合土壤分布规律、矢量拓扑错误、土壤命名规则不一致、数据库不规范等问题。发现问题及时反馈县级技术单位校正，确保地市级制图数据精确完整。

1. **数据格式** 县级数据库的数据文件以 GDB 格式存储（或者 Shapefile），若为 Shapefile 格式需要检查每个图层至少有 4 个格式（.dbf，.prj，.shp，.shx）的文件，若有缺失文件无法使用。

2. **坐标系统** 核查县级数据库中的坐标系统。依据规范要求，县级数据库的坐标系统使用 2000 国家大地坐标系，投影为高斯-克吕格投影，经度 6°分带。

6°分带中央子午线计（L）算公式：$L = 6 \times (N+1) - 3$。其中，$N =$ 当地经度/6，N 不进行四舍五入，只取整数部分，（$N+1$）即为 6°分带的带号。

以昌黎为例，当地经度约为 119°，计算可得带号是 20。

3. **检查字段是否缺失** 依据《第三次全国土壤普查技术规程规范》（修订版）中土壤类型制图成果提交要求，字段应包括如下：图斑 ID、县名（XM）、乡镇名（XZM）、面积（MJ）、分类校准后原二普土类（YTL）、分类校准后原二普亚类（YYL）、分类校准后原二普土属（YTS）、分类校准后原二普土种（YTZ）、三普土类（TL）、三普土壤亚类（YL）、三普土属（TS）、三普土种（TZ）。

4. **检查全市土壤命名是否有误** 依据河北省土壤普查办下发的土种名称对照表，对所有县区的三普图逐名称判断是否存在命名错误。如（非耕园地）山地棕壤类的土种名称为"重砾薄腐厚层灰泥质棕壤"，则不符合命名规则，正确命名为"薄腐厚层灰泥质棕壤"，不体现砾石含量。

5. **检查县接边处图斑边界和名称** 在地形起伏较大的山地丘陵区，土种的边界线一般在与地形地貌的明显变异处；在平原地区，土种的边界线一般不会以行政区界线为土种变更的界线，若行政区两侧出现土种不一致的情况，可能存在问题。

6. **检查是否有拓扑错误**　可能出现的错误包含图斑之间互相重叠、图斑之间有间隙、与行政区边界不能重合等问题，通过拓扑检查筛查出以上错误。在导入拓扑检查数据库时将土壤类型图和行政区边界一同导入，添加规则时选择"不能重叠""不能有空隙""必须互相覆盖"三种规则。检查完成后可在拓扑工具的错误检查器中分错误类型查看具体类型错误。

7. **检查土种的上图面积是否符合规范要求**　原则上 1∶5 万县级土壤图的最小上图单元控制在图上 0.5 cm²，实地面积 12.5 hm²（187.5 亩），若县级地形为山地丘陵地区，耕地多呈不连续小片分散分布在河谷地带，最小上图单元面积可以更小。

（三）地市级土壤图制图

1. **县级栅格合并**　使用 GIS 软件镶嵌工具 Mosaic to New Raster，将一个地级市内所有新生成的县级土种图栅格图层合并为一个图层，数据文件使用 GeoTIFF 格式。

操作流程：将各县区的土壤图矢量图层合并为地级市土壤图矢量，新建"TZBH"字段，对全市土种进行唯一性编号。在此基础上，将各县区的矢量图层导出属性表格，再对各县区的土种进行土种编号。右键图层，选择连接和关联→连接，基于同一名称字段（TZ）将表格信息连接至各县区的矢量图层。面转栅格时，值字段选择"TZBH"，像元大小填 30，形成县栅格土种图。使用工具箱→系统工具箱→data management tools. tbx→栅格→栅格数据集→镶嵌至新栅格，对县域土种图进行合并，像元大小设定为 30，波段数设定为 1，镶嵌运算符默认即可，将各县土壤图镶嵌形成地市级栅格土种图。

注：将各县区土壤图的栅格数据镶嵌至新栅格，镶嵌色彩只映射一个县区的栅格属性，可能会出现"一对多"的情况，建议将各县区的矢量图层先合并，再对全市土种进行编号，即可保证土种编

号唯一。不建议先将各县区矢量合并，再将合并产生的新图层转为栅格，这样操作大概率会出现拓扑错误。

2. **重采样**　改变现有栅格数据集的像元大小，从而减少土壤图的细节程度，使其更适合地市级土壤图要求。使用重采样工具 Resample，采用 Majority 算法，将该地市土种分布栅格图层从 30 m 分辨率重采样为 90 m 分辨率。

操作流程：选择工具箱 → 系统工具箱 → Data Management Tools. tbx→栅格→栅格处理→重采样工具，输入栅格，X 栏和 Y 栏空格设定为 90，重采样技术选择 Majority。

3. **平滑滤波**　去除部分噪点，进一步净化图面。采用 3×3 平滑窗口对土种栅格图层进行平滑滤波处理，去除那些与周围土壤类型不同、面积微小、无意义的独立像元或多个聚合像元，以突出土壤类型变异规律，净化图面，增强易读性。

操作流程：选择工具箱 → 系统工具箱 → Spatial Analyst Tools. tbx→邻域分析→滤波器工具，滤波器类型选择默认 LOW，或工具箱→系统工具箱→Spatial Analyst Tools. tbx→栅格综合→众数滤波，要使用的相邻要素数选择 EIGHT。

4. **栅格转矢量数据**　使用矢栅转换工具 Raster to Polygon，将平滑之后的土种栅格图层转为多边形矢量图层，矢量图层文件用 Shapefile 格式；再使用平滑工具 Simplify Polygon、Smooth Polygon、Simplify Line 等，对图斑边界线简化平滑处理。

操作流程：选择工具箱→系统工具箱→Conversion Tools. tbx→由栅格转出→栅格转面工具，将栅格土种图转化为 Shapefile 格式。选择工具箱→系统工具箱→Cartography Tools. tbx→制图综合→简化面，工具箱→系统工具箱→Cartography Tools. tbx→制图综合→平滑面，对图斑进行简化和平滑操作。注：简化容差和平滑容差（或选择其他简化算法）可根据实际操作自行选择。处理拓扑错误并以行政区面为障碍图层。

5. **最小上图单元控制**　消除矢量化产生的细碎图斑（与邻近面积大的图斑合并），原则上最小上图单元控制在图上 0.4 cm²，实地面积 252 hm² （3 780 亩）。

操作流程：打开平滑面操作之后的图层的属性表→按属性选择→面积≤252 hm²，筛选出小于 252 hm² 的图斑。选择工具箱→系统工具箱→Data Management Tools. tbx→制图综合→消除。

注：机械式合并小图斑导致部分土壤类型消失，影响成果科学性，涉及土类面积小于上图面积的，应予以保留。

五、河北省省级土壤类型制图

河北省省级土壤类型制图分别编制基于中国土壤发生分类的省级土属分布图和基于中国土壤系统分类的省级土族分布图。采用制图综合技术，对地市级土属分布图进行制图综合，生成河北省省级土属分布图；采用数字土壤制图技术，使用河北省域内本次剖面调查点、勘验点、土壤类型未改变区的二普剖面点和土壤类型典型点（虚点）数据，结合成土环境因素数据，建立土族类型与成土环境因素之间的定量关系，生成河北省省级土族分布图。

（一）土壤发生分类土属制图

对地市级土属分布图进行制图综合，生成河北省省级土属图。基本技术流程如图 5-12 所示。

主要步骤如下：

(1) 据河北省土种志和土壤图等资料，了解自然地理概况和农业耕作历史与现状，理解成土过程及其与土壤类型的发生关系，熟悉不同土属的分类诊断特征。

(2) 使用 GIS 软件镶嵌工具 Mosaic to New Raster，将河北省省域内所有地级市土属图栅格图层合并为一个图层，数据文件使用 GeoTIFF 格式，生成河北省土属空间分布栅格图层。

(3) 使用重采样工具 Resample，采用 Majority 算法，将河北省土属分布栅格图层从 90 m 分辨率重采样为 250 m 分辨率。

(4) 采用 3×3 平滑窗口对土属栅格图层进行平滑滤波处理，去除那些与周围土壤类型不同、面积微小、无意义的独立像元或多个聚合像元，以突出土壤类型变异规律，净化图面，增强易读性。

(5) 使用矢栅转换工具 Raster to Polygon，将平滑之后的土属栅格图层转为多边形矢量图层，矢量图层文件用 Shapefile 格式；再使用平滑工具 Simplify Polygon、Smooth Polygon、Simplify Line 等，对图斑边界线进行简化平滑处理，消除矢量化产生的细碎图斑（与邻近面积大的图斑合并），原则上最小上图单元控制在图上 0.2 cm²，实地面积 500 hm²（7 500 亩）。

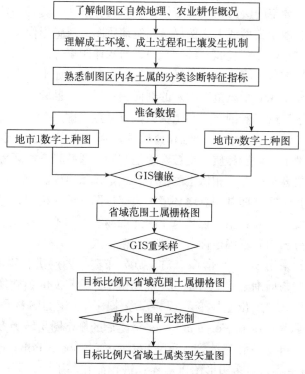

图 5-12 省域土属制图基本技术流程

(二) 土壤系统分类土族制图

在河北省，省级土壤系统分类的土族制图的主要步骤如下：

(1) 据河北省土种志和土壤图等，了解省域自然地理概况和耕作历史与现状，理解成土环境、成土过程及其与土壤类型之间的发生关系，熟悉每个土族的分类诊断特征指标。

(2) 准备环境协同变量。环境协同变量包括年均气温、年降水量、母质岩性、地貌类型、高程、坡度、坡向、剖面曲率、地形湿度指数、植被指数、地下水、种植制度、遥感光谱、近四十年土地利用变化及变化年限、土壤改良、土地平整及复垦等图层数据。对于地形起伏较小的平缓地区，关键是环境变量的使用，应挖掘与土壤类型变异空间协同的环境变量，使用高分辨率（≤10 m）数字高程模型、地貌类型或大比例尺第四纪地质图、遥感影像及衍生变量（波段、指数、地表动态反馈变量）、与水体距离等。

(3) 准备土壤样点，包括河北省省域和邻省如山西省、河南省等（省界30 km距离范围内）的剖面调查样点、勘验点、土壤类型未变化区域的二普剖面点和土壤类型典型点（虚点）。

(4) 建立推理模型。使用R软件，基于样点建立土族类型与气候、地形、母岩母质、植被、土地利用、遥感光谱等环境变量之间的随机森林模型或相似推测模型，确定模型参数。

(5) 进行推理制图。将环境因素变量图层输入模型，推测每个像元位置的土族类型，估算每个像元推测结果的不确定性指数，生成土族分布图和不确定性分布图（栅格格式）。

(6) 采用3×3平滑窗口对土族分布栅格图层进行平滑滤波，去除那些与周围土壤类型不同、面积微小、无意义的独立像元或多个聚合像元，突出土壤变异规律，净化图面。用GIS软件的矢栅转换工具Raster to Polygon，将平滑之后的栅格图层转为多边形矢量图层，再用平滑工具Simplify Polygon、Smooth Polygon、Simplify Line等，对多边形图斑边界线进行简化与平滑，同时消除矢量化产生的细碎图斑（与邻近面积大的图斑合并），生成最终的土族分布图，最小上图单元控制在图上 0.2 cm²，实地面积 500 hm²（7 500亩）。

六、验证评价与质量控制

（一）验证评价

1. **县级土壤图验证评价**　第三方土壤调查专家（要求：未参与验证区域的制图工作），采用野外路线踏勘验证方法，对县级土壤图制图结果在土种级别上进行精度验证。主要步骤是：

根据制图区域土壤景观分异特点，设计 3 条野外踏勘路线（可以是 S 形或 Z 形的曲线），要求路线纵贯全域，沿路线土壤景观有明显梯度变化。

从每条路线穿过的土壤图斑中随机选取 10 个图斑，3 条路线一共选出 30 个图斑。

将选取的验证图斑显示在手持终端的卫星影像或奥维地图影像上，到达图斑内之后在图斑内开车或走走观察，结合影像信息，先识别图斑内主要景观环境；然后在典型景观部位，通过打土钻取样，专家判别土壤类型，该土壤类型视为图斑的主要土壤类型；若与制图结果的土壤类型相同，认为该图斑的制图结果是正确的。

计算制图正确的验证图斑数量与验证图斑总数量（30）的比值，即县级土壤图制图的准确度。例如，30 个验证图斑中，有 25 个图斑主要土壤类型是制图结果的土壤类型，那么县级土壤图的准确度就认为是83%。

同时，采用会议评审或通讯评审方式，邀请土壤地理与土壤制图领域的专家（至少包括 1 名县里土壤专家），从土壤类型正确性、土壤边界表达、县域土壤分布规律特点体现程度等多个方面，对县级土壤图编制质量进行打分评价。

此外，对于无二普县级土壤图的制图结果，除野外路线踏勘验证之外，增加基于样点的交叉验证，由编制该土壤图的制图专家操作。样点包括本次剖面调查样点、经过校核的二普剖面样点等用于县级土壤制图的样点。当样点数量较少（≤50 个）时，采用留一交叉验证方法；当样点数量较多（>50 个）时，采用 10 折交叉验证方法。根据样点位置上土壤类型的预测值和观测值，建立混淆矩阵，计算生产者精度、用户精度、总精度和 Kappa 系数等误差指标。

2. **地市级土壤图验证评价** 第三方土壤调查专家，基于地级市内所有县域的县级野外路线踏勘验证图斑，在土属级别上，对地市级土壤图进行精度验证评价。计算制图正确的验证图斑数量与验证图斑总数量的比值，即地市级土壤图制图的准确度。注意：县级土壤图验证中在土种上制图错误的图斑，在地市级土壤图验证的土种上可能是正确的。

同时，采用会议评审或通讯评审方式，邀请土壤地理与土壤制图领域的专家（至少包括 1 名地市里土壤专家），从土壤类型正确性、土壤边界表达、地市土壤分布规律特点体现程度等多个方面，对地市级土壤图编制质量进行打分评价。

3. **河北省省级土壤图验证评价** 第三方土壤调查专家，从河北省省域内所有县级野外路线踏勘验证图斑中随机选取 1/3 数量的图斑，从中去掉由于制图综合过程中图斑归并操作改变了土属或土族名称的图斑，剩下的图斑作为河北省省级土壤图的精度验证图斑。基于这些验证图斑，在土属级别上对发生分类的省级土属图进行精度验证，在土族级别上对系统分类的省级土族图进行精度验证。

同时，采用会议评审或通讯评审方式，邀请土壤地理与土壤制图领域的专家（至少包括 1 名省里土壤专家），从土壤类型正确性、土壤边界表达、省域土壤分布规律特点体现程度等多个方面，对省级土壤图编制质量进行打分评价。

此外，对于主要通过数字制图生成的土壤系统分类省级土族图，除上述两种评价方式外，增加采用 10 折交叉验证方法评估制图精度，由编制该土壤图的制图专家操作。

（二）质量控制

土壤制图的质量与许多因素有关，因素包括制图者的工作态度、对制图区土壤时空变异的认识水平、土壤景观特点、样点数量与分布、环境变量、模型算法、空间尺度等。贯彻土壤类型图编制全程质量控制的原则，发现不符合质量要求的一律返工。采用三层检查验收制度进行质量控制。

第一层，河北省省级制图人员自检。制图人员须详细记录整个制图过程中所有环节工作，对各环节处理是否符合技术规程规范的原则和要求进行随时自我检查，发现问题和不足，及时改进，以高度的责任感，努力提高制图质量，精益求精。

第二层，全国土壤普查办公室和河北省土壤普查办公室均须组织相关专家对土壤类型图编制工作进行抽查性监督检查和指导，并提交监督检查报告。主要检查项目见表5-5。

第三层，河北省土壤普查办公室组织对本省的县级、地市级和省级土壤图编制成果的审查验收，检查土壤图编制成果是否达到质量要求。验收专家须包含2/3来自省外的国家级土壤调查与制图专家，审查验收工作须在全国土壤普查办参与和监督下完成。审查验收合格，才能签字通过。原则上，野外路线踏勘验证准确度，90%以上为通过，80%以上为基本通过，低于80%为修改后再评审；土壤地理专家综合质量打分，90分以上为通过，80分以上为基本通过，低于80分为修改后再评审。

表5-5　土壤类型制图质量检查项

序号	质量检查项	检查内容
1	制图人员	是否为省级土壤制图专业队伍；是否培训后持证上岗；对制图区土壤景观关系是否熟悉，对土壤类型变异是否有深入理解；制图工作态度是否端正认真
2	制图过程	检查制图过程中各个环节的处理记录，是否按照统一的技术规程规范原则和要求开展工作

（续）

序号	质量检查项	检查内容
3	比例尺/分辨率	土壤类型图编制成果的比例尺和分辨率是否符合技术规范的原则和要求
4	坐标系和投影	是否符合技术规范的规定
5	土壤类型分布与图斑边界	土壤类型分布是否与地貌、水文、植被、土地利用等空间变异相符，是否正确反映制图区土壤空间分布规律和特点
6	土壤类型名称	土壤类型名称的正确性及与土壤分类系统的一致性
7	数据缺失情况	最小上图单元面积是否符合比例尺原则要求，以及图斑聚合效果和图斑边界简化与平滑
8	制图结果验证	制图结果验证方法是否符合规范要求，路线设计与验证图斑选取是否合理，验证准确度是否达到质控要求
9	接边偏差	土壤边界是否有明显偏差，不同图幅之间土壤图斑是否无缝拼接
10	土壤类型专题图	专题图各项内容的设计与表达是否统一、符合规范，是否具有科学性和实用性

对于制图准确度较差、质量评价较低的工作，应积极研讨改进途径，直至达到质控线。若制图各环节都已尽力做到最好仍不能达到质控线，应提交详细原因分析报告，并由分区负责专家对制图过程和结果进行审核确认。

第六章
河北省土壤属性图与专题图制作

　　土壤属性图与专题图的制作，是根据一定的标准和需求，生成反映土壤的特征或服务对象所需要内容的土壤图。然而，由于各地区、各部门信息资源分析、技术标准的差异，导致各土壤属性图、专题图的制作缺乏统一的规范和标准，各属性图与专题图之间存在着较大的差距，不能很好与"一张图"系统相适应。根据《第三次全国土壤普查土壤属性图与专题图编制技术规范》（修订版）的要求，依据河北省的具体情况，对河北省土壤的属性图与专题图进行了标准化和统一化。本章主要阐述了这两种制图的目的、原则、主要方法、制图思路、结果验证以及制图的编制要求。

一、制图对象和目的

（一）适用范围

　　本书介绍的方法适用于河北省第三次土壤普查中的土壤属性图和专题图的绘制。主要论述这两类制图的目的、原则、主要方法、制图思路、结果验证、成果图编制要求等。适用于具有一定数字土壤绘图理论与实际应用基础的研究或技术人员。

（二）对象和目的

　　1. **制图对象**　制图对象是河北省第三次土壤普查成果图中的两类图。

　　（1）土壤属性图。即土壤理化性状图，包括土壤表层质地、

pH、盐碱度、有机质、土壤养分、中微量元素、重金属元素，以及有效土层厚度、0～100 cm 有机碳储量等土壤图。利用土壤属性与不同比例尺气候、生物、母质、地形、人为因素等环境变量的相关性，确定不同土壤属性与比例尺的环境变量，结合平原、丘陵、山地、高原、盆地的地形分区，构建不同土壤属性与比例尺的制图模型。按照方法相对成熟、精度较优的原则，经模型精度比较后，筛选出 1 个最优土壤属性模型或相对成熟的模型进行土壤制图［详见《第三次全国土壤普查土壤属性图与专题图编制技术规范》（修订版）］。

（2）土壤专题图。包括耕地质量等级图、土壤障碍类型图、退化土壤（盐碱化、酸化等）分布图、黑土资源分布图等专题调查评价图。在完成土壤类型和土壤属性制图成果的基础上，根据各类专题图评价指标与分级标准体系，通过 GIS 软件进行图层空间计算，获得各评价单元（或像素）评价指数；按指标体系的评价标准，最终确定评价单元的评价等级，制作土壤专题图。

2. 制图目的　制图目的是通过数字土壤制图的方法，采用统一的专题图评价指标，评价土壤质量和适宜性，掌握土壤理化性状空间分布状况和土壤质量底数；编制统一规范的普查成果图，以便指导农业生产和决策。

二、制图原则与主要方法

（一）数字土壤制图的原则

数字土壤制图（digital soil mapping）方法作为一种新兴的高效表达土壤及其性状空间分布的方法，较传统手工土壤制图更加高效。尤其在土壤属性制图方面，研究和应用也相对深入和广泛。鉴于数字土壤制图方法仍在不断发展完善，采用该方法制图，须遵循以下原则：

1. 土壤空间变异尺度效应原则　制图精确度要与制图空间尺度相对应。土壤的空间变化具有尺度效应，并以空间格局的形式呈现，即某一尺度只能揭示相应的变化规律。通过对大尺度（大空间）土壤的空间变化进行分析，可以获得整个地区土壤的空间分布，但在小尺度上，土壤的空间分布特点常常被遮蔽；小尺度的土壤空间变化分析，则主要反映了微域环境内土壤的变化。在不同的规模下，其主要的影响因素是不一样的。大尺度土壤空间分布的主要影响因素是生物和气候，小尺度土壤空间分布主要受局部地形、母质等因素影响。

2. **因地制宜原则**　选用相对成熟、区域较优的方法。现有方法均基于一定的数学假设，尚无单一方法或统一固定的环境辅助变量，可以适合不同地貌类型区域。因此，针对制图对象，选择适用的制图方法类别；针对具体土壤属性，根据制图区域特征和范围（尺度），结合样点的密度和均匀度，选用相对成熟、精度检验较优的方法，且方法不宜过于繁杂。

3. **精度保障原则**　建立制图模型前，数据检验须符合制图模型的数学假设。制图方法多采用数学模型，基于统计均值和平均关系的制图方法，要求样本符合相应的数学假设，例如符合正态分布。样本须验证并符合相关数学假设条件，方可进行模型制图。

数字土壤制图结果，需要进行预测样点验证，评估模型的制图精度。采用训练集和验证集验证的，按照 4∶1 的比例随机选取 20％的样点作为验证集，比较实测值与预测值，进行独立验证；也可以采取 10％样点交叉验证，在保证精度的同时兼顾计算效率。通过相应的验证指标评估后，制图结果方可被采用作为数据成果。对于争议比较大或与专家经验相比差异巨大的图斑区域，需要进行实地勘察验证。

（二）数字土壤制图的主要方法

数字土壤制图方法已广泛用于土壤属性制图。该方法是根据已知点的土壤信息通过数字手段推测其他点土壤特征的过程，以土壤-景观模型为理论基础，以空间分析和数学方法为技术手段，生成数字格式（栅格）的土壤属性空间分布图。比较常用的方法可分为五类：地统计方法、确定性插值、数理统计、机器学习和模糊推理方法。本章主要采用地统计、机器学习和模糊推理方法，针对不同土壤属性选择相应的模型制图。

地统计方法，包括克里格插值及其衍生方法，有普通克里格、泛克里格、回归克里格、地理加权回归克里格、协同克里格模型等。除普通克里格、泛克里格外，其余的克里格衍生模型是利用所预测土壤属性与环境辅助变量（成土因素）之间的相关性（要素相关性）来提高预测精度。普通克里格应用早而广泛，是河北省土壤制图规范的推荐方法之一，主要利用变量空间自相关关系，适合较均一、土壤属性变化不强烈的环境。普通克里格会产生平滑效应，对于局部变异较大地区的预测可能会与实际情况不符。

机器学习模型利用机器学习方法进行数据挖掘，提取土壤属性与环境变量之间的关系用来预测土壤属性的空间分布，解决土壤属性与环境变量的非线性问题，包括随机森林、人工神经网络、分类与回归树等。目前，随机森林模型在土壤属性制图领域应用越来越广泛，作为土壤普查的推荐方法之一。

上述方法有两个条件：一是需要大量的土壤样点来提取统计关系；二是需要具有较好的空间代表，除机器学习模型外，其他模型制图区域通常不宜过大。

模糊推理是将土壤与环境关系表达为隶属度值，利用单个土壤样点在空间上的代表性，推测土壤目标变量的空间变化。该方法的制图效果依赖于单个样点的可靠性，要求对样点的可靠性进行质量检查。在中小尺度下地统计和模糊推理方法取得了较高的精度，大尺度下机器学习方法的优势更明显。

三、制图数据准备及要求

（一）土壤制图的数据、基础资料

土壤属性制图需要土壤目标变量、环境辅助变量等数据集。

土壤目标变量数据：第三次全国土壤普查表层样点理化性状测

试数据、剖面样点的土壤类型数据。

环境辅助变量数据：二普的1：5万县域数字土壤图、1：1万土地利用现状图、1：5万地形图、1：25万地质图、气象资料及高分辨率的遥感影像等。

其他数据：相应比例尺的行政区划图等，用于成果图的边界。

(二) 样点数据整理及处理

1. **剖面样点数据整理**　有效土层厚度等数据，需要从剖面点信息中提取，作为深层属性制图样点的基础数据层。对于耕层点位不足的地区，可由剖面点数据补充。将剖面发生表层土壤属性数据，或者发生表层与亚顶层土壤属性数据经厚度加权平均，转换为耕层数值，加入耕层点该属性基础数据中。

2. **表层样点数据处理**

(1) 异常值检验。由于样点采集与化学分析过程的不确定性，需要对土壤属性数值进行正态分布检验后做异常值剔除处理，结合数据的常规统计学特征和空间位置，将每个样点的属性值与总体及其邻近8个样点的均值和标准差进行比较，如果样点值在总体均值的5倍标准差之外，且大于或是小于邻近样点均值的3倍标准差，则需要对异常值进行核验后剔除。

(2) 测试方法分区标注。对不同地区采用不同测试方法的指标，标注其所在区域，用于分别成图。

(3) 检查是否存在坐标异常情况，如点位飞出行政区、点位成直线等。

(三) 环境变量制备及质量检测

1. **不同尺度的精度要求**　环境变量提取栅格数据精度，要优于表6-1或表6-2的像素（像元）分辨率。其中，表6-1精度适用于大范围土地利用、种植结构比较单一的区域，如平原粮食作物区；表6-2精度适用于种植结构复杂的小范围地区或地块破碎区域。

表 6 - 1　制图比例尺及对应的栅格数据像素（像元）分辨率

比例尺类型	成图比例尺	栅格数据的建议像素分辨率（m）
大比例尺	1∶1 万	5
	1∶5 万	30
	1∶10 万	30 或 50
中比例尺	1∶25 万	90
	1∶50 万	250
小比例尺	1∶100 万	1 000

表 6 - 2　制图比例尺及对应的栅格数据像素分辨率

比例尺类型	成图比例尺	栅格数据的建议像素分辨率（m）
大比例尺	1∶1 万	2.5
	1∶5 万	10
中比例尺	1∶25 万	30
	1∶50 万	90
小比例尺	1∶100 万	250
	1∶400 万	1 000

　　由于所涉及的环境变量种类较多，会出现不同环境变量具有不同分辨率的情况，此时应根据制图尺度综合到统一的分辨率下。统一分辨率操作的基本原则是：尽量从高分辨率向低分辨率综合；尽量避免从低分辨率到高分辨率内插。

　　2. **环境变量的提取**　利用土壤属性与环境变量之间相关性的模型，需要使用环境变量数据。目前主要利用除时间因素外的成土因素信息。特别是在地面有起伏的区域，因样点数量的局限，可采用此类模型提高制图精度。这类模型均需要提取栅格格式图层数据参与模型制图。

　　目前常用的环境变量提取主要包括以下几个方面：

　　（1）气候变量的表征与数据选取。气候因素在较大范围内主要考虑大气候，通常选择近 5～10 年的年降水量、大于 0 ℃或 10 ℃积温（或太阳辐射量）等因子，同时需要根据制图比例尺选用；或利用气象站点生成相应像素分辨率的气象因子栅格数据。

而在较小的空间范围内，气候要素对土壤的影响相对均一，可以忽略。相比之下，小范围内的地形地貌信息可体现小气候对土壤的影响。

（2）母质变量的表征与数据提取。 土壤母质是土壤形成的物质基础。通常直接获得母质信息非常困难，实际制图中，常以地质图或地貌图来代替土壤母质分布图，这些地图上的信息通常为矢量化表达的地质类型。也可以从分级到土种的大比例尺土壤图中，通过土属或土种名称的母质信息提取。

（3）地形地貌变量的表征与数据提取。 地形因素是最常用的环境变量，主要包括描述地形特征的地形属性和描述地貌部位信息的指标。地形属性可利用数字高程模型栅格数据提取：高程、坡度、坡向、平面曲率、剖面曲率、地形湿度指数、与河流的距离、与山脊的距离等，可通过 GIS 软件计算获得。地貌部位通常用坡位表达，可用于小流域土壤属性的空间分布推测。通过基于相似度的模糊推理方法，计算坡面上任一位置与各类坡位的典型位置在属性域与空间域上的相似度，对坡位在空间上的渐变信息进行定量描述，获得研究区中每类坡位的空间渐变图，作为土壤制图的环境变量。

其中，地形湿度指数（TWI）的计算公式为

$$TWI = \ln \frac{\alpha}{\tan\beta}$$

式中，α 指垂直于水流方向的汇流面积，m^2；β 表示坡度（弧度）。

（4）植被变量的表征与数据处理。 主要通过遥感影像数据的计算，获取植被指数和生物物理参数，包括归一化植被指数（NDVI）、叶面积指数（LAI）、林冠郁闭度（CC）等。其中，归一化植被指数是土地覆盖植被状况应用最广的一种遥感指标，能够

反映当前植被生长状态、植被覆盖度和消除部分辐射误差等，定义为近红外通道反射率（NIR）与红光通道反射率（VIS）之差与之和的商。其计算公式为

$$NDVI = (NIR - VIS) / (NIR + VIS)$$

$NDVI$ 的取值范围为 $-1\sim1$：若 $NDVI<0$，表示地面覆盖着云、水、雪等，对太阳辐射中的可见光反射率较高；若 $NDVI=0$，表示地表裸露的岩石或戈壁等处；若 $NDVI>0$，则表示地表有植被覆盖，且植被覆盖密度越大，其值越高。

获取植被信息的遥感影像与调查时间同年同期为最佳。考虑气象条件对高质量影像获取的影响，可选最近 5 年与调查日期相近的影像。

（5）土地利用变量的表征与数据处理。土地利用方式也是影响土壤养分分布的重要因素。但土地利用方式为类别变量，不能直接用于回归分析，可采用两种方法为其赋值引入回归方程。

① 哑变量方法。哑变量方法是应用比较普遍的类别变量处理方式。以 0 和 1 进行赋值，表示不同的类别。赋值方法如下：对 $n+1$ 个土地利用方式，定义 n 个哑变量（X_{81}, X_{82}, …, X_{8n}。注："8"为第 8 个环境变量），以哑变量的 0 和 1 组合表示 $n+1$ 个土地利用方式。

② 算术平均值变换。算术平均值变换是用类别自变量与定量因变量的关系建立起自变量各水平与定量因变量之间的数量关系，以不同土地利用方式下定量因变量的算术平均值（如面积百分比）代替该土地利用方式。

（6）其他变量的表征与数据处理。地表动态反馈：在平原或地形平缓的地区，可以采用地表动态反馈模式来解决基于土壤-景观关系的制图方法推测平缓区的土壤空间分布。将太阳辐射作为对地表的输入，捕捉 1 d 内地表热状态的动态反馈特征，利用时序遥感数据（如 MODIS，每日过境）获得陆地表面发生的动态变化作为平缓区土壤制图的环境变量。

在平原或地形平缓的地区，也可以将温度植被干旱指数

（$TVDI$）作为表示土壤含水量变化的环境变量，来获取土壤含水量变化与土壤质地等土壤属性的相关性，进一步来推测土壤质地等属性。

$$TVDI = \frac{T_s - T_{min}}{T_{max} - T_{min}}$$

式中，T_s 为地表温度；T_{max} 为 $NDVI$ 对应的最高地表温度，即干边 $T_{max} = a + b \times NDVI$，$T_{min}$ 为 $NDVI$ 对应的最低地表温度，即湿边 $T_{min} = c + d \times NDVI$，$a$、$b$、$c$、$d$ 分别是干边和湿边线性拟合方程的系数。

T_s 越接近于干边，$TVDI$ 越大，表示土壤干旱情况越严重；相反 T_s 越接近湿边，$TVDI$ 越小，说明土壤含水量越高。因此，$TVDI$ 与土壤含水量的相关性，可以反映干旱情况。$TVDI$ 的取值范围为 0～1，$TVDI$ 越大，表明该区干旱越严重。

（7）已有土壤图数据处理与知识提取。 通过两种方法从土壤图中提取隐含的土壤与环境关系，主要用于：一是在土壤分布范围内构建环境变量的频率分布曲线，以此来代表土壤与环境关系；二是基于已有土壤图提取训练样点，然后使用统计或机器学习算法归纳出样点所代表的土壤与环境关系。

① 从已有土壤图中提取土壤与环境频率分布曲线的方式。将已有土壤图和与土壤形成具有协同变化关系的变量进行叠加，针对每个环境变量，为各制图单元构建环境频率分布曲线，用于代表土壤与环境关系。即对每种土壤类型与所对应的环境变量的像元数直方图拟合得到环境频率分布曲线。在空间推测时，通过计算待推测像元的环境值在各制图单元所对应的土壤与环境关系曲线上的频率值，来代表该像元在该环境变量上隶属于各制图单元的程度（隶属度）。最后通过对所有环境协变量上的隶属度进行综合得到该像元对各制图单元的相似度，选择最高相似度的类型作为最终的推测结果，完成对已有土壤图的更新。

② 从已有土壤图中提取训练样点的方式。该类方法首先按照一定的方式从土壤图中选择训练样点，利用统计或机器学习算法根

据选择的训练样点和研究区的环境变量获取土壤与环境关系，通常采用线性或非线性的形式表达这一关系。从土壤图中选择训练样点的方式主要有 3 种：一是在各制图单元中随机选择相同数量的样点；二是在各土壤多边形中随机选择相同数量的样点；三是各制图单元中训练样点的数量按其在研究区所占的面积比例选择。然后使用统计或机器学习模型算法，归纳出样点所代表的土壤与环境关系。

四、制图思路

（一）土壤属性制图

1. **选择较优制图模型** 划分典型地貌区，每个区对一类土壤指标，推荐 2～3 个制图模型。操作时，按照方法相对成熟、精度较优的原则，从推荐模型中筛选。经模型精度比较后，也可采用其他精度更高、应用相对成熟的模型进行制图，但必须考虑相邻地区的接边。

2. **县级、省级成果图逐级汇总** 县级成果图（大比例尺），建议采取同一地貌区、同一模型、多县统一制图的方式完成，也可采用单县逐一制图。省级制图建议主要以制图综合的方法完成。

原则上以典型地貌区为单位，样点数量和密度达到模型要求，应在该地貌区范围内进行大比例尺精度的制图。一方面减少逐县制图的工作量，同时避免部分县接边的不确定性。制图成果数据作为县级大比例尺空间图数据库。功能性评价图在县级精度上完成评价制图。

省级成果图在县级成果图基础上，通过 GIS 栅格数据精度转换的功能，以省级比例尺对应像素精度进行转换。像素精度转换主要体现了制图综合中"图斑合并""图斑取舍"和"轮廓简化"的方法，取像素面积最大值作为转换后像素属性值。逐级汇总保证了县级与省级成果图图面的趋势一致性。

对样点相对少的区域，经检验后采用适合的精度（比例尺）进

行制图。土壤属性及评价结果的统计，须以最高精度，即县级制图
成果数值为基准。

3. **特殊区域的制图综合**　土壤属性和功能性评价图中，对面
积小但有特殊指示作用的区域，如敏感元素属性极高区，或评价图
中的极不适宜区、严重退化区等，如需在中、小比例尺图中予以体
现，这类区域需根据原区域长度和面积，事先计算可显示的长度和
面积大小，通过模型处理，单独进行像素转换，并将其替换到制图
综合后数据图层中。制图综合后数据图层，不宜进行各类上报的数
据统计基础图层。

（二）土壤专题制图

1. **建立评价指标制作专题图**　根据需要评价的专题，依照国
家或行业标准、规范或本领域普遍认可的研究方法，确定相关土壤
属性因子及其权重，建立评价指标体系。以评价指标完成相关土壤
属性制图，通过空间图层结合评价指标权重计算，确定评价单元等
级，完成制图。

2. **县级、省级成果图逐级汇总**　同（一）土壤属性制图 2 县
级、省级成果图逐级汇总。

3. **特殊区域的制图综合**　同（一）土壤属性制图 3. 特殊区域
的制图综合。

五、土壤属性图与专题图制图要求

（一）土壤属性制图

数字土壤属性制图包括四个环节：数据制备、主要环境变量
的选择、模型选择、制图模型的训练和评估。样点数据的获取、
各种环境变量涉及的指标在"三、制图数据准备及要求"中已有
介绍。

1. **数据制备**

（1）数据处理。 GIS 软件可以完成样点数据（目标变量）和大

部分环境变量栅格数据的制备；源自遥感影像的环境变量数据，需要采用专业遥感图像处理软件，全部数据最终统一到模型制图的GIS 软件数据格式。

其中，环境变量的多种地形要素，可通过数字高程模型栅格数据，在 GIS 软件相应功能模块中提取：高程、坡度、坡向、平面曲率、剖面曲率、地形湿度指数等分别作为一个环境变量数据参与相关模型的分析。其他非遥感影像数据也均可在 GIS 软件中进行栅格数据的制作和转换。利用专业遥感图像处理软件处理遥感影像，包括图幅镶嵌、计算，最终提取植被指数、温度植被干旱指数等遥感相关数据。

（2）样点数据检验。 相关性分析、正态分布检验采用常规统计软件，如 SPSS、SAS 及开源软件 R。普通商业 GIS 软件可进行半方差函数分析等数据检验，也可采用其他软件如 GS+。

（3）数据坐标系。 成果图统一采用 2000 国家大地坐标系，与国土三调成果一致。相关数据图层需要以投影坐标系的方式进行运算和制图，不得以经纬度坐标进行制图。

制图前需要将各图层数据统一到 2000 国家大地坐标系。也可先统一到一个坐标系（如 1954 北京坐标系或 1980 西安坐标系）进行制图，最后将成果图按要求转换到 2000 国家大地坐标系。

（4）制图模型相关软件。 一般商业 GIS 软件均具有多种地统计模型，具有自动构建训练集和验证集、计算均方根误差和决定系数的功能。可调用其相应模型的功能模块，按照操作说明进行预测制图，并检验其模型精度。

随机森林等机器学习模型，可采用开源软件 R 或自行编程完成模型预测，将预测结果值导入 GIS 软件，进行空间数据图层的制作而最终成图。

2. 主要环境变量的选择

（1）不同尺度的主要环境变量。 基于不同制图尺度与地形分区的土壤属性图类型，选择不同的环境变量，见表 6 - 3。

表 6-3 不同尺度的备选环境变量

主导因素	制图尺度	
	大尺度（小比例尺）	小尺度（大比例尺）
气候	气候区、年均温、年降水量、相对湿度或太阳辐射量等	
生物	植被类型、植被物候期	归一化植被指数等植被指数、叶面积指数、林冠郁闭度等
母质	母岩类型	母质类型、土壤类型、地表动态反馈、温度植被干旱指数等
地形	地形地貌	高程、坡度、坡向、曲率、地形湿度指数、坡位等各种地形因子
人为因素	土地利用	土地利用

（2）目标变量数据分析与环境变量筛选。

① 符合数学假设检验。对样点数据（目标变量）进行正态分布检验。

② 半方差函数（空间自相关）分析。采用地统计模型方法（包括克里格插值及其衍生方法）之前，需要通过半方差函数确定土壤属性具有空间自相关性。其表达式为

$$\gamma(h) = \frac{1}{2N}\sum_{i=1}^{N(h)}\left[Z(x_i+h) - Z(x_i)\right]^2$$

式中，$\gamma(h)$ 表示间距为 h 的点对之间的平均半方差；$N(h)$ 表示距离为 h 时的所有点对数目；$Z(x_i)$ 则表示点 x_i 的观测值。

比较常用的半方差拟合模型主要包括高斯模型、指数模型、球状模型和线性模型。

块金效应反映了随机因素对变量空间自相关性的影响程度。块金效应小于75%，空间自相关距离（样点距离）在变程内，表明样点属性具有空间自相关性，可以进行地统计模型制图（表 6-4）。

表 6-4 块金效应与空间自相关的对应关系

块金效应（系数）（%）	空间自相关
<25	强烈
25~75	中等
≥75	弱性

③ 环境变量筛选-相关性分析。对利用土壤属性与环境变量关系的制图方法，进行土壤属性与环境变量之间的相关性分析，保证两者之间存在显著相关性，以判断哪些环境变量可以保留在模型中，并去除环境变量之间的共线性。

3. **不同地形分区的推荐模型与备选模型** 制图模型的选择基于一定的样点密度，当小尺度范围内样点密度较高时，相对简单的模型也可达到符合要求的精度。样点密度较低，特别是地形复杂地区，借助多种环境变量的模型则可能提高制图精度（表 6-5）。

表 6-5 土壤制图地形分区

序号	地形	分区规则	可选环境变量	推荐模型	备选模型
1	平原	海拔：≤200 m 地貌：宽广平坦，起伏很小	主因素：气候、植被、土地利用 次因素：母质、地形	地理加权回归克里格、普通克里格	随机森林，反距离加权
2	丘陵	海拔：>200 m，且≤500 m 地貌：高低起伏，坡度较缓，由连绵不断的低矮山丘组成	主因素：地形、母质、植被 次因素：气候、土地利用	随机森林、地理加权回归克里格	回归克里格、其他机器学习方法
3	山地	海拔：>500 m 地貌：地表形态奇特多样，或相互重叠，犬牙交错，或彼此平行，绵延千里	主因素：地形、气候、植被 次因素：母质、土地利用	随机森林、地理加权回归克里格	回归克里格、其他机器学习方法

（续）

序号	地形	分区规则	可选环境变量	推荐模型	备选模型
4	高原	海拔：>1 000 m　地貌：面积较大，顶面起伏较小，周围形成陡坡的高地	主因素：气候、植被、地形　次因素：母质、土地利用	随机森林、地理加权回归克里格、普通克里格	回归克里格、其他机器学习方法
5	盆地	地貌：四周高（山地或高原）、中部低（平原或丘陵）的盆状地形	主因素：气候、植被、土地利用、地形　次因素：母质	随机森林、地理加权回归克里格	其他机器学习方法

注：其他机器学习方法如分类回归树、卷积神经网络模型。

模型选用原则：

(1) 研究区域平稳，推荐普通克里格模型。

(2) 环境变量少、主导因素确定（如平原和地势平缓区的土壤含盐量），推荐随机森林、地理加权回归模型。

(3) 环境变量复杂、研究区域地形地貌复杂，推荐随机森林、地理加权回归克里格，备选其他机器学习方法，如径向基函数神经网络、分类回归树。

(4) 成分数据（如机械组成/颗粒组成），可采用随机森林、成分克里格、普通克里格模型及模糊推理模型。

主要数字土壤制图方法介绍详见《第三次全国土壤普查土壤属性图与专题图编制技术规范》（修订版）附录2。

4. 制图模型的训练和评估

(1) 构建训练集和验证集。评估所得空间分布图的精度可使用独立验证点，验证样点的获取有两种途径。第一种途径是把已有样点集按照4∶1的比例随机划分为训练集和验证集两个部分，其中训练集（80%）用于构建预测模型，验证集（20%）用于检验模型的预测精度。第二种途径是在野外采集验证样点，通常使用随机采样方法采集。独立验证样点数量与制图区域的面积有关，由于独立验证样点的生成或采集具有随机性，根据统计学的大数定律，独立验证样点数量应不少于 50 个。

(2) 模型评估。 土壤属性数字制图模型精度的验证指标主要有均方根误差、决定系数等。其中,对一般面积大小的农业区县,表层样点数平均达 1 000 个以上,一般决定系数应大于 0.5,均方根误差数值越小越好。

(二)土壤专题制图

河北省第三次土壤普查形成的专题调查评价图主要有:耕地质量等级图、酸化土壤分布图、盐碱化土壤分布图、土壤碳库与养分库储量图、土壤资源利用适宜性分布图、特色农产品生产区域土壤专题调查图等。指标体系由相关规定规范确定,河北省土壤制图规范主要规定制图过程和方法。

在完成土壤类型和土壤属性成果图基础上,依照评价指标体系,首先提取作为评价指标的土壤属性图层数据,参照(一)土壤属性制图的方法,或者专题图规范规定的单一指标制图方法,完成其他相关指标的属性制图;然后根据各指标权重,通过 GIS 软件,进行各属性图层数据的空间计算,获得各评价单元(或像素)的评价指数;最后依照指标体系的评价标准,确定评价单元的评价等级,完成制图。

(三)土壤属性制图相邻区处理

土壤属性多为数值,在空间上是连续的,并无界线截然分开。采用数字土壤模型制图方法进行土壤属性制图,输出结果为数值型的栅格地图。每个栅格像素为一个土壤属性值,像素之间不存在接边问题。但由于不同地貌区域最终采用的适宜模型可能不同,特别是在本区域制图而在区外无样点时,对区界处的预测属性值精确度会降低,可能会出现两区相邻处像素属性值相差较大的情况。为避免、减少此类情况,模型制图时,可增加域外样点,即区域制图时,将与本区相邻地区的区界样点补充进训练集进行模型制图,然后以区界裁切获得本区成果图。

（四）土壤制图结果的验证评价

除模型评估外，对于依靠单个土壤样点对待推测点的代表性实现空间推测的制图方法，也可利用推测不确定性指标对土壤属性制图的结果进行评价，用于指示推测结果的可靠程度。该图为研究区的每个像元给出不确定性值，以体现推测不确定性的空间变化。由于不确定信息与精度具有相关关系，因此可以通过推测不确定性间接指示制图精度。可根据所能承受的误差水平（均方根误差等）来选择合适的不确定性阈值，从而满足制图精度要求。

（五）土壤制图结果的面积统计

对成果图计算各类型的面积，一般商业 GIS 软件均有此功能，即每个等级像素数量乘以每个像素代表的面积。

六、制图比例尺/分辨率与数据质量要求

（一）制图比例尺（分辨率）

1. **省级、县级的制图比例尺（分辨率）及上图面积** 普查成果图，一般按照国家基本比例尺成图。省级成果图比例尺一般为（1∶25 万）～（1∶50 万），县级成果图比例尺一般为（1∶1 万）～（1∶5 万）。省级和县级也可根据本行政区域范围大小，选择适当比例尺成图。以数字模型方法制作的成果图为栅格图，须达到相应的像素分辨率。与比例尺对应的栅格数据像素分辨率详见表 6-1。

不同比例尺上图面积可参照二普中关于各比例尺土壤图上图面积的规定，详见表 6-6。

2. **环境变量栅格数据分辨率** 数字模型制图过程中，需要制备地形参数、土地利用、植被等环境变量栅格数据，其像素分辨率应不低于成图比例尺对应的像素分辨率。应根据土壤采样点密度、

运算速度、计算机容量，选择可满足精度要求的像素分辨率。

表 6-6 各种比例尺土壤图的最小面积

制图比例尺	土壤图的最小面积			
	可达到的		适当的	
	在图上	在实地中	在图上	在实地中
1:2 000	所有比例尺当面积为长形，其长轴为 0.2 cm（2 mm×10 mm）时或当面积为圆形，直径为 5 mm 时	80 m²	1 cm²	400 m²（0.6 亩）
1:5 000		500 m²	1 cm²	2 500 m²（3.75 亩）
1:1 万		0.2 hm²（3 亩）	0.5 cm²	0.5 hm²（7.5 亩）
1:2 万		1.25 hm²（18.75 亩）	0.5 cm²	2 hm²（30 亩）
1:5 万		5 hm²（75 亩）	0.5 cm²	12.5 hm²（187.5 亩）

（二）制图成果数据质量要求

1. 数据精度、数据结构、元数据及拓扑要求 数字模型方法制作的成果图，以栅格数据格式汇交的，应满足以下要求：

（1）栅格数据像素分辨率。须符合表 6-1 要求。

（2）数据格式。以普查统一要求的数据格式提交，中英文图层名与数据内容相符合。如河北省土壤有效磷含量图（或 Hebei_AP）等。

（3）数据字典。须包括图层名、字段名、字段释义、字段类型、字段长度等，属性字段名称、类型、长度、小数位数符合《第三次全国土壤普查数据库规范》（修订版）要求。

（4）元数据。须包括土壤普查时间、制图时间、模型制图方法、模型精度（预测均方根误差）、区域范围、元素形态、计量单位、大地坐标系、投影、分辨率、制图单位、制图负责人等信息。

元数据信息符合《土壤科学数据元数据》（GB/T 32739—2016）的相关规定。矢量格式制作的面状成果图，除符合（2）、（3）、（4）外，还应满足以下要求：

（5）关键界线和面积的容差。如成果图含有土地利用界线，对照已有土地利用界线，界线移位容差为 0.000 1 m。成果图以行政区域为单元的，其成果图面积与县域面积一致。

(6) 无拓扑错误。

① 同一图层内不存在面与面重叠，包括完全重叠与部分重叠（即面相交），容差为 0.000 1 m；同一面层内不同面要素之间不存在缝隙，面裂隙容差为 0.000 1 m。

② 同一图层内不同要素间线要素不存在重叠或与自身重叠。

③ 同一图层内线要素不存在自相交。

④ 同一图层内线要素不存在悬挂点。

⑤ 同一图层内线要素不存在伪节点。

⑥ 面层内不存在不规则图斑。

⑦ 面层内不存在碎片多边形。

⑧ 面层内要素不允许存在组合图斑。

⑨ 同一线层内不存在碎线（长度小于 0.2 m）。

⑩ 图形节点密度符合规范要求，不能过于稀疏、稠密（平均节点密度大于 70 m，或小于 1 m）。

⑪图形不存在面自相交、环方向错误等不符合入库要求的错误。

2. **区域不合理性专业检查**　对成果图，在一定区域范围内，某些土壤属性如出现明显不同于周边的情况，应说明原因。

3. **投影与坐标系**

(1) 平面坐标系统。采用 2000 国家大地坐标系。

(2) 高程系统。采用 1985 国家高程基准。

(3) 投影方式。大于 1∶50 万比例尺（不含 1∶50 万），采用高斯-克吕格投影，大于 1∶1 万比例尺按 3°分带，（1∶2.5 万）～（1∶50 万）比例尺按 6°分带。小于 1∶100 万比例尺，采用正轴等角割圆锥投影。1∶50 万比例尺，一般采用 6°分带高斯-克吕格投影。

4. **图分幅**　图分幅应符合《第三次全国土壤普查数据库规范》（修订版）要求。

七、专题图表达与质量要求

（一）专题图编制方案设计

图件历来是土壤普查的重要成果。在编制单位、图名、普查时间等制图内容，文字内容、位置、字体大小等，各地方必须采用全国统一方案。

编制内容主要包括：图名、编制单位、制图单位及制图人员、制图时间、土壤调查时间、坐标系、地图投影、比例尺。其他说明包括地理要素所采用的地形图比例尺和时间。这些内容在图廓外的位置应平衡美观。

（二）专题内容的表达

1. **专题制图表达** 土壤专题图采用质底法。土壤属性图，图面表达包括属性配色；如为属性分级图，图面表达还包括分级编号。原则上一个土壤属性对应一个色调，从颜色上区分土壤属性类别。此外，以颜色深浅表示含量大小。其他专题图，颜色的选择应避开已有标准指定的土壤属性颜色，选用新的色调及符号。

2. **图例要求** 对于土壤属性分级图，专题图例由计量单位、分级代码、色块、分级的养分含量范围和测试分析方法五部分组成。土壤属性栅格渐变图图例，由计量单位、养分含量上下限、渐变色带和测试分析方法四部分组成。各属性含量分级由全国土壤普查办统一制定，河北省省级分级可在国家分级范围内，做更细划分，但不得跨级。

15 种土壤养分图图例要求细则依照《1：25 000～1：500 000 土壤养分图用色与图例规范》（GB/T 41475—2022），其他比例尺图可参照执行。对耕地质量等级、特色农产品生产区域等其他专题图，专题图例可参考上述国标自行确定。

（三）基础地理要素的选取和表达

地理底图是专业地图的骨架，根据专题图特点，对地理要素进行必要的选取，保留能体现土壤类型或属性特征的要素，舍去干扰专题特征的地理内容，有利于突出土壤专业内容。

1. **要素选取** 根据成图比例尺，选择相对应或更小比例尺的地理要素。

水系：适当选取以反映河网密度和结构。其包括河流（常年河、时令河、消失河等）、湖泊、水库、坎儿井、水渠、运河、咸水湖。

居民地（点）：根据比例尺，选择相应行政级别的居民地或居民点上图。小比例尺图，原则上选取县以上级别居民地/点；中等比例尺图，原则上可选择到乡镇级；大比例尺图，可选择到村级，并根据居民地密度适当取舍。

交通：原则上铁路均可上图；公路则依据比例尺大小，相应地选取国家级、省级和县乡级公路。

境界：小比例尺显示国界和省界，大中比例尺显示省界和县界。

2. **制图表达要求** 公共地理信息通用地图符号采用相应国家标准制作。

八、制图设备与场所要求

鉴于制图所需大量高精度图层数据，制图单位须设定专用场所，准备相应级别配置的专用计算机，仅内网相连，单机设备不得与互联网连接；拆除其他拷贝接口，仅留一个接口用于数据拷贝，并做好使用数据的登记管理。制图单位制定保密规定，相关人员签订保密协议。

参考文献
REFERENCES

安红艳，龙怀玉，刘颖，等，2013. 承德市坝上高原典型土壤的系统分类研究
　　[J]. 土壤学报，50（3）：448-458.

安红艳，龙怀玉，张认连，等，2012. 冀北山地5个土壤发生学分类代表性剖
　　面在系统分类中的归属研究 [J]. 河北农业大学学报，35（4）：25-32.

曹祥会，雷秋良，龙怀玉，等，2015. 河北省土壤温度与干湿状况的时空变化
　　特征 [J]. 土壤学报，52（3）：528-537.

邓跃明，翟娅娟，李怀萍，等，2003. 遥感影像的几何校正及其在地理信息系
　　统中的应用 [C] //国家测绘局测绘标准化研究所，全国测绘科技信息网.
　　全国测绘与地理信息技术研讨交流会论文集. 河南：河南省测绘科学研究
　　所：80-82.

黄勤，张凤荣，薛永森，等，2000. 河北曲周试验区土壤特性与系统分类 [J]. 中
　　国农业大学学报，5（5）：67-73.

吉艳芝，王殿武，张瑞芳，等，2023. 土壤外业调查与采样 [M]. 北京：中
　　国农业出版社.

荆长伟，2013. 浙江省土壤数据库的建立与应用 [D]. 杭州：浙江大学.

荆长伟，支俊俊，张操，等，2012. 浙江省中小比例尺土壤数据库的构建 [J]. 科
　　技通报，28（11）：95-105.

李承绪，1990. 河北土壤 [M]. 石家庄：河北科学技术出版社.

李锦，1983. 土壤制图学的研究概况及其发展 [J]. 土壤学进展（5）：1-11.

李军，龙怀玉，张杨珠，等，2013. 冀北地区盐碱化土壤系统分类的归属研究
　　[J]. 土壤学报，50（6）：1071-1081.

李学军，魏瑞娟，曲海涛，2010. 遥感与地理信息系统及其在土地利用管理
　　中的应用 [J]. 测绘与空间地理信息，33（2）：4-7，10.

刘京，常庆瑞，岳庆玲，等，2008. 陕西省土壤数据库的设计研究 [J]. 干旱

地区农业研究，26（5）：105-108，114.

马浩元，邵晓春，曹中初，等，2000. 遥感和地理信息系统在土地利用动态监测中的应用 ［J］. 上海房地（11）：31-32.

马友华，胡芹远，转可钦，2001. 合肥市土壤数据库系统的建立 ［J］. 安徽农学通报，7（1）：48-49.

沈德福，2004. 江苏省1∶20万土壤数据库的建立及其应用研究 ［D］. 芜湖：安徽师范大学.

宋伟东，吴泽金，赵东辉，2000. 数字地形图接边方法研究 ［J］. 辽宁工程技术大学学报（自然科学版），19（5）：493-496.

孙孝林，赵玉国，刘峰，等，2013. 数字土壤制图及其研究进展 ［J］. 土壤通报，44（3）：752-759.

闻建光，许惠平，刘万崧，2005. 基于遥感影像的校园地理信息系统 ［J］. 遥感技术与应用，20（2）：304-308.

吴嘉平，胡义镰，支俊俊，等，2013. 浙江省1∶5万大比例尺土壤数据库 ［J］. 土壤学报，50（1）：30-40.

吴克宇，杨锋，吕巧玲，等，2007. 河南省1∶20万土壤数据库的构建及其应用 ［J］. 河南农业科学（5）：77-80.

闫会杰，吕志勇，张建平，2011. 矢量数据入库后的接边处理 ［J］. 测绘技术装备，13（3）：56-57.

姚祖芳，赵振勋，1991. 河北省土壤图集 ［M］. 北京：农业出版社.

杨锋，2008. 河南土壤数据库的构建及其应用研究 ［D］. 郑州：河南农业大学.

杨琳，Sherif F，Sheldon H，等，2010. 基于土壤-环境关系的更新传统土壤图研究 ［J］. 土壤学报，47（6）：1039-1049.

张保华，刘道辰，王振健，等，2004. 河北省秦皇岛市石门寨区域土壤系统分类 ［J］. 土壤通报，35（1）：1-3.

张甘霖，王秋兵，张凤荣，等，2013. 中国土壤系统分类土族和土系划分标准 ［J］. 土壤学报，50（4）：826-834.

张瑞芳，杨瑞让，李旭光，等，2019. 河北省耕地质量图集 ［M］. 北京：中国农业科学技术出版社.

朱安宁，张佳宝，张玉铭，2003. 栾城县土系划分及其基本性状 ［J］. 土壤，35（6）：476-480.

图书在版编目（CIP）数据

数据库构建和土壤制图原理与方法 / 彭正萍等主编.
北京：中国农业出版社，2025.6. --（河北省第三次土
壤普查系列丛书）. -- ISBN 978 - 7 - 109 - 33526 - 4

Ⅰ. S159.222；S159 - 3

中国国家版本馆 CIP 数据核字第 2025J0V768 号

数据库构建和土壤制图原理与方法
SHUJUKU GOUJIAN HE TURANG ZHITU YUANLI YU FANGFA

中国农业出版社出版

地址：北京市朝阳区麦子店街 18 号楼
邮编：100125
责任编辑：魏兆猛　　文字编辑：张田萌
版式设计：王　晨　　责任校对：吴丽婷
印刷：三河市国英印务有限公司
版次：2025 年 6 月第 1 版
印次：2025 年 6 月河北第 1 次印刷
发行：新华书店北京发行所
开本：880mm×1230mm　1/32
印张：4.5
字数：125 千字
定价：35.00 元